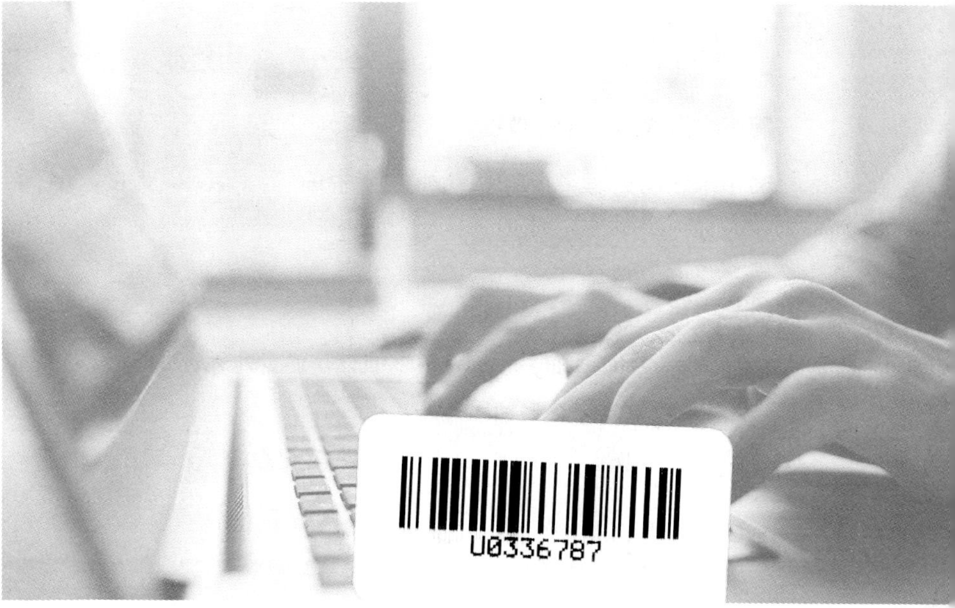

U0336787

（第3版）

文字录入与处理

就业技能培训教材

人力资源社会保障部职业培训规划教材
人力资源社会保障部教材办公室评审通过

主编 尚晓新 胡红燕

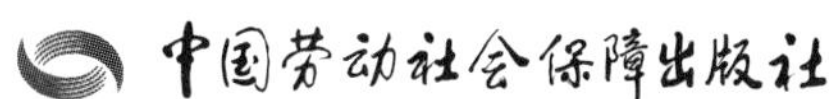

图书在版编目(CIP)数据

文字录入与处理/尚晓新，胡红燕主编. -- 3 版. -- 北京：中国劳动社会保障出版社，2021

就业技能培训教材

ISBN 978-7-5167-3422-3

Ⅰ.①文… Ⅱ.①尚… ②胡… Ⅲ.①文字处理-技术培训-教材 Ⅳ.①TP391.1

中国版本图书馆 CIP 数据核字(2021)第 056938 号

中国劳动社会保障出版社出版发行

（北京市惠新东街 1 号　邮政编码：100029）

*

三河市华骏印务包装有限公司印刷装订　新华书店经销

880 毫米×1230 毫米　32 开本　6 印张　140 千字

2021 年 5 月第 3 版　　2022 年 2 月第 2 次印刷

定价：15.00 元

读者服务部电话：（010）64929211/84209101/64921644

营销中心电话：（010）64962347

出版社网址：http://www.class.com.cn

前　言

国务院《关于推行终身职业技能培训制度的意见》提出，要围绕就业创业重点群体，广泛开展就业技能培训。为促进就业技能培训规范化发展，提升培训的针对性和有效性，人力资源社会保障部教材办公室对原职业技能短期培训教材进行了优化升级，组织编写了就业技能培训系列教材。本套教材以相应职业（工种）的国家职业技能标准和岗位要求为依据，力求体现以下特点：

全。教材覆盖各类就业技能培训，涉及职业素质类，农业技能类，生产、运输业技能类，服务业技能类，其他技能类五大类。

精。教材中只讲述必要的知识和技能，强调实用和够用，将最有效的就业技能传授给受培训者。

易。内容通俗，图文并茂，引入二维码技术提供增值服务，易于学习。

本套教材适合于各类就业技能培训。欢迎各单位和读者对教材中存在的不足之处提出宝贵意见和建议。

人力资源社会保障部教材办公室

内 容 简 介

本书是文字录入与处理人员就业技能培训教材，在第 2 版的基础上结合文字录入处理软件的发展和时代特点对内容进行了调整和完善，如增加了 Excel 2010 电子表格处理软件基本应用等内容。本书的主要内容包括：计算机基础知识、Windows 7 操作系统入门、英文录入技能和训练、汉字录入技能和训练、Word 2010 文字处理软件基本应用、Excel 2010 电子表格处理软件基本应用。

全书语言通俗易懂，内容紧密结合工作实际，突出技能操作，便于学员更好地掌握计算机文字录入与处理的基础知识和基本技能。

本书适合于就业技能培训使用。通过培训，初学者或具有一定基础的人员可以达到从事文字录入与处理工作的技能要求。本书还可供计算机初学者参考。

本书由尚晓新、胡红燕主编，阚宇副主编，申文、张延元、徐大伟、张晓蕾、丁一、王娜、纪晓伟、程悦、文珉参编，赵惠民主审。

目　录

第1单元 计算机基础知识

模块 1　电子计算机及其应用

电子计算机是一种能自动、高速、正确地完成数值计算、数据处理、实时控制等功能的电子设备。一般来说，电子计算机可分为电子数字计算机、电子模拟计算机两大类。

目前大量应用的是电子数字计算机，它以数字化形式处理信息，具有运算速度快、计算精度高、记忆能力强等特点，且具有逻辑判断能力，可通过程序实现信息处理的高度自动化。

一、计算机分类

由于计算机科学技术的迅猛发展，计算机已经形成一个庞大的家族。按计算机性能不同，计算机可分为以下几类。

1. 巨型机

该类计算机主要应用于复杂的科学计算及军事等专门的领域。例如，由我国研制的“天河”“神威”“银河”和“曙光”系列计算机就属于这种类型。

2. 大/中型机

该类计算机也具有较高的运算速度，每秒可以执行几千万条指令，并具有较大的存储容量以及较好的通用性，但价格较贵，通常被用来作为金融业、铁路部门等大型应用系统中计算机网络的主机。

3. 小型机

该类计算机的运算速度和存储容量略低于大/中型计算机，但与终端和各种外部设备连接比较容易，适于作为联机系统的主机，或者用于工业生产过程的自动控制。

4. 微型计算机

微型计算机又称个人计算机，俗称电脑，简称微机，具有体积小、质量轻、价格低等优点。其种类很多，主要分为三类：台式机、笔记本电脑和个人数字助理。

5. 服务器

服务器是指管理资源并为用户提供服务的计算机。由于服务器需要响应各种服务请求，并进行各种不同的处理，因此，一般来说服务器应具备承担服务并且保障服务的能力。服务器的构成包括处理器、硬盘、内存、系统总线等，和通用的计算机架构类似，但是由于需要提供高可靠性的服务，因此，在处理能力、稳定性、可靠性、安全性、可扩展性、可管理性等方面要求较高。在网络环境下，根据服务器提供的服务类型不同，分为文件服务器、数据库服务器、应用程序服务器、Web（万维网，全称为 world wide web）服务器等。

6. 工作站

工作站是一种介于微型计算机与小型机之间的高档微型计算机系统，主要面向工程设计、动画制作、科学研究、软件开发等专业应用领域。

二、计算机的应用

计算机的应用已经广泛深入科学计算、数据处理、实时控制、计算机辅助系统、办公自动化、电子商务与人工智能等领域，它已经成为人类不可缺少的重要工具。

1. 科学计算

科学计算又称数值计算，一般是指用于完成科学研究和工程技术中提出的数学问题的计算，它是计算机最早的应用领域，比如在天文学、量子化学、空气动力学等方面进行的复杂运算。

2. 数据处理

数据处理也称为非科学计算，是指对各种数据进行收集、存储、整理、分类、统计、加工、利用、传播等的一系列活动。

3. 实时控制

实时控制又称过程控制，是指用计算机实时采集检测数据，按最佳值迅速地对控制对象进行自动控制或自动调节。计算机实时控制已在冶金、石油、化工、纺织、水电、航天等部门得到广泛的应用。

4. 计算机辅助系统

利用计算机软件作为辅助工具的计算机系统称为计算机辅助系统。计算机辅助系统包括计算机辅助设计、计算机辅助制造、计算机辅助测试、计算机辅助教学等。

（1）计算机辅助设计（CAD）。计算机辅助设计是利用计算机来帮助设计人员进行工程设计，以提高设计工作的自动化程度，节省人力和物力。目前该技术已经在电工、电子、机械、土木工程、服装等行业的设计工作中得到了广泛的应用。

（2）计算机辅助制造（CAM）。计算机辅助制造是利用计算机进行生产设备的管理、控制与操作，从而提升产品质量，降低生产成本，缩短生产周期，改善制造人员的工作条件。

（3）计算机辅助测试（CAT）。计算机辅助测试是利用计算机进行大量而复杂的测试工作。

（4）计算机辅助教学（CAI）。计算机辅助教学是利用计算机帮助教师讲授课程和帮助学生学习的辅助系统，使学生能够轻松自如地从中学到所需要的知识。

5. 办公自动化

办公自动化是计算机、通信、文秘、行政等多种科学技术在办公领域的应用。它是指人们以计算机为主体，对公文数据进行收集、分类、整理、加工、存储和传输，它开辟了数字和网络时代办公的全新概念。

6. 电子商务与人工智能

电子商务是指依托于计算机网络而进行的各种商务活动，如银行业务结算、网上购物、网上交易等。它是近年来新兴的，也是发展最快的应用领域之一。

人工智能则是指利用计算机来模拟人类的智能活动，如感知、判断、理解、学习、问题求解和图像识别等。

模块2　微型计算机系统组成

通常把硬件系统和软件系统合起来统称为计算机系统，即一个完整的微型计算机系统由硬件系统和软件系统两大部分组成。

一、硬件系统

硬件系统是构成计算机的物理部分，是指在计算机中看得见、摸得着的有形实体。

1. 系统主板

系统主板是整个计算机系统的通信网。系统单元的每个元器件直接连接到系统主板，它们通过系统主板进行数据的交换，如键盘、鼠标和显示器都是通过系统主板与系统单元进行通信。

在微型计算机中，系统主板一般位于系统单元的底部或一侧，它是一个较大的平面电路板，上面有许多扩展插槽和包括多种芯片在内的电子部件，如图 1-1 所示。

图 1-1　系统主板

2. 中央处理器

中央处理器（见图 1-2）是计算机的核心部件，它用于完成计算机的运算和控制功能，是影响计算机运算速度等性能的关键因素之一。随着技术的发展，中央处理器的运算速度不断提高，更新换代的速度也不断加快。

3. 内存储器

内存储器（见图 1-3）简称内存，又称为主存储器（简称主存），它是计算机中的主要部件，是用来存储程序和数据的部件，是相对于外存储器而言的。我们平常使用的程序，如操作系统、

图1-2 中央处理器

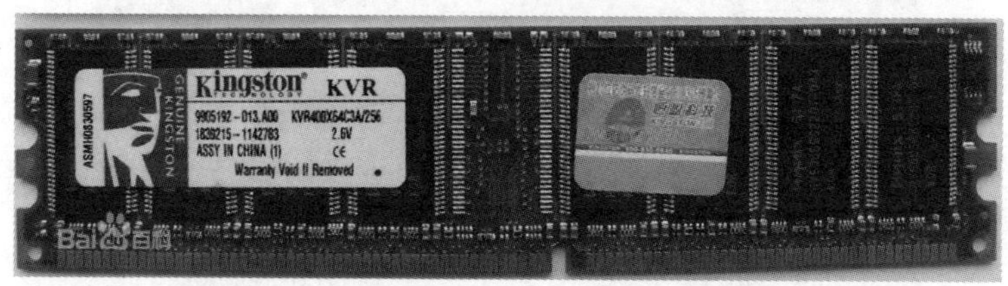

图1-3 内存储器

录入软件、游戏软件等，一般都是安装在硬盘等外存储器中的，但仅这样是不能使用的，必须把它们调入内存储器中运行才能使用。

内存储器一般采用半导体存储单元，包括只读存储器（rely-only memory，ROM）和随机存取存储器（random-access memory，RAM）以及高速缓存。ROM 在制造的时候，信息被存入并永久保存，这些信息只能读出，一般不能写入，即使计算机断电，数据也不会丢失。RAM 既可以从中读取数据，也可以写入数据，当计算机电源关闭时，存于其中的数据就会自动消失。

4. 显卡

显卡全称为显示接口卡，又称显示适配器，其用途是将计算机系统所需要的显示信息进行转换驱动，并向显示器提供扫描信号，控制显示器的正确显示。目前使用的显卡有集成显卡和独立显卡两大类。

集成显卡的优点是功耗低、发热量小，不用花费额外资金购买显卡。其缺点是性能与独立显卡相比有较大差距，娱乐性能欠佳，并且要占系统内存。

独立显卡（见图 1–4）的优点是单独安装了显存，一般不占用系统内存，在技术上也较集成显卡先进得多，比集成显卡的显示效果和性能好，容易进行显卡的硬件升级。缺点是系统功耗有所加大，发热量也较大，需额外花费资金购买。

图 1–4　独立显卡

5. 声卡

声卡（见图 1–5）是多媒体计算机处理声音信息必不可少的设备，是多媒体计算机的重要组件之一。目前有很多主板直接集成了声卡。声卡需要与麦克风和音箱配合使用，通过声卡及相应驱动程序的控制，采集来自话筒的音源信号，通过声卡与音箱的连接，可以将声音传送给音箱，播放出声音。

6. 硬盘

硬盘是计算机中最重要的外存储设备之一，一般来说，它直接

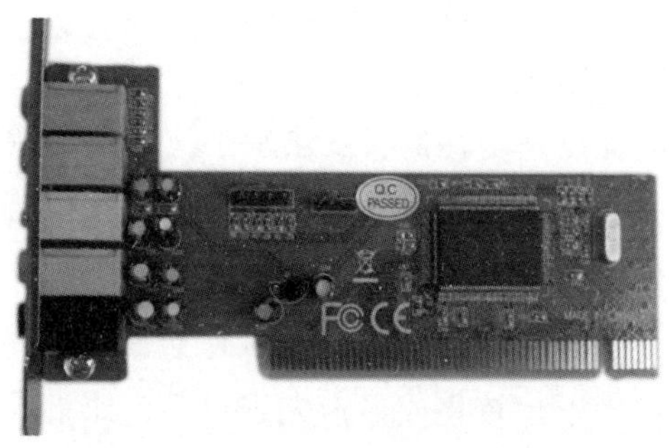

图1-5　声卡

安装于机箱内部，具有信息存储量大、读写速度快、寿命长等优点，如图1-6所示。硬盘的选择除了考虑它的容量外，还应考虑转速、噪声、缓存大小等因素。

7. 光盘驱动器

光盘驱动器（见图1-7）简称光驱，是台式机里比较常见的一个部件，随着多媒体的应用越来越广泛，使得光驱成为台式机标准硬件配置。

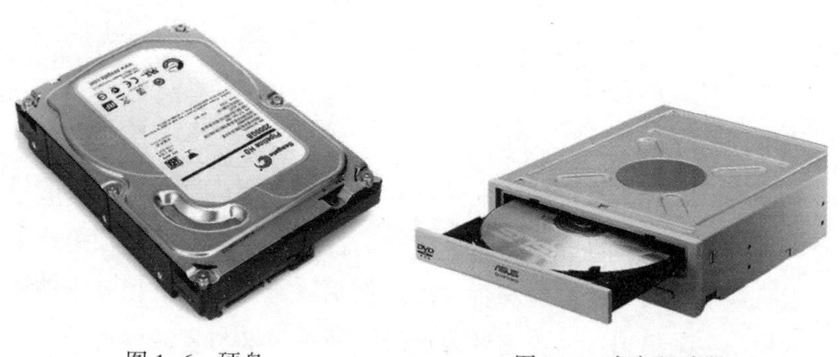

图1-6　硬盘　　图1-7　光盘驱动器

8. U盘

U盘（见图1-8）全称USB（universal serial bus，通用串行总

线）闪存盘。它是一种使用USB接口的无须物理驱动器的微型高容量移动存储设备，通过USB接口与计算机连接，实现即插即用。

图1-8　U盘

U盘的称呼最早来源于深圳市朗科科技股份有限公司生产的一种新型存储设备，名曰“优盘”，使用USB接口进行连接。U盘连接到计算机的USB接口后，U盘的资料可与计算机交换。而之后生产的类似技术的设备由于深圳市朗科科技股份有限公司已进行专利注册，而不能再称之为“优盘”，而改称为谐音的“U盘”。U盘因其具有体积小、便于携带、存储容量大、价格便宜、性能可靠等优点，目前已得到广泛应用。

9. 网卡

网卡（见图1-9）是一种将多台计算机连接在一起组建局域网或因特网的网络设备，此设备主要用于企业的局域网中的计算机。它可以实现多台计算机之间的连接，使每台计算机都可以访问局域网中所有联网计算机的资源。

图1-9　网卡

在此还要介绍的另外一种常用的网络设备就是调制解调器。它的作用是将计算机与电话线连接起来，通过电话线实现因特网的连接或两台计算机间的相互通信。事实上，调制解调器所起的作用是在模拟信号与数字信号之间进行转换，具体就是将电话线传送过来的模拟信号转换为计算机能识别的数字信号，然后再传送给计算机；或者是将计算机传送过来的数字信号转化为模拟信号，再经电话线传送出去。调制解调器分为内置式和外置式两种。

10. 键盘

键盘是计算机最常用的输入设备之一，其作用是向计算机输入命令、数据和程序。

11. 鼠标

鼠标是一种输入设备，由于鼠标使用方便，几乎和键盘具有同等重要的地位。根据工作原理的不同，鼠标分为机械鼠标、光电鼠标、无线鼠标等。

12. 显示器

显示器是计算机中最重要、最常用的输出设备。显示器主要分为 CRT（cathode ray tube，阴极射线显像管）显示器和液晶显示器两种。随着科技的发展，CRT 显示器由于体积大、质量大、能耗高等缺点，目前已被液晶显示器所取代。

13. 扫描仪

扫描仪是计算机的图像输入设备，随着性能的不断提高和价格的大幅度降低，扫描仪越来越多地被用于广告设计、出版印刷、网页设计等领域。

14. 打印机

打印机能将计算机的信息以单色或彩色字符、汉字、表格、图像等形式打印在纸上。打印机的种类很多，常见的打印机分为针式打印机、喷墨打印机和激光打印机。按打印元件对纸是否有击打动作，可将打印机分为击打式和非击打式两大类。

二、软件系统

计算机软件是指挥计算机执行各种操作的指令序列，是用户与计算机硬件之间的接口界面，用户需要通过软件与计算机进行交流。计算机软件系统主要分为系统软件和应用软件两大类。

1. 系统软件

系统软件是指管理、控制和维护计算机硬件和软件资源，并使其充分发挥作用，以提高工效、方便用户的各种程序的集合。系统软件又分为操作系统、语言处理程序、数据库管理系统和服务性程序。

操作系统是最基本、最重要的系统软件，它负责管理计算机系统的全部软件资源和硬件资源，合理地组织计算机各部分协调工作，为用户提供操作和编程界面。其基本目的有两个：一是要方便用户使用计算机，为用户提供一个清晰、整洁、易于使用的友好界面；二是尽可能地使计算机系统中的各种资源得到合理而充分的利用。

操作系统在计算机系统中处于系统软件的核心地位。每个用户都通过操作系统来使用计算机，每个程序都要通过操作系统获得必要的资源后才能执行。例如，程序执行前必须获得内存资源才能装入，程序执行要依靠处理器，程序在执行时需要调用子程序或者使用系统中的文件，执行过程中可能还要使用外部设备输入、输出数据。操作系统将根据用户的需要，合理而有效地进行资源分配。

操作系统的主要部分在内存储器中，通常把这部分称为系统的内核或者核心。从资源管理的角度来看，操作系统的功能分为处理机管理、存储管理、设备管理、文件管理和作业管理五部分。本书第 2 单元介绍的 Windows 7 就是微型计算机常用的操作系统。

2. 应用软件

应用软件是用户利用计算机及其提供的系统软件为解决各种实

际问题而编制的计算机程序，是指除了系统软件外的所有软件，由各种应用软件包和面向问题的各种应用程序组成。应用软件主要为用户提供在各个具体领域中的辅助功能，它也是绝大多数用户学习使用计算机时最感兴趣的内容。由于计算机已渗透到各个领域，因此，应用软件也是多种多样的，本书第 5 单元和第 6 单元介绍的 Word 2010 和 Excel 2010 就是用于文字录入及处理的应用软件。

三、硬件和软件的关系

硬件与软件是相辅相成的，硬件是计算机的物质基础，没有硬件就无所谓计算机。计算机软件是计算机的灵魂，没有软件，硬件的存在就毫无价值。硬件系统的发展给软件系统提供了良好的开发环境，而软件系统的发展又给硬件系统提出了新的要求。

模块 3　安全使用计算机

计算机的安全使用需要在规定的环境下，通过正确的操作方式进行，同时还要注意避免计算机病毒的侵入，学习计算机病毒的防治和清除方法。

一、环境要求

要使一台计算机工作在正常状态并延长其使用寿命，必须使它处于一个合适的工作环境。计算机的工作环境应具备以下条件。

1. 温度要求

一般计算机应工作在 20~25 ℃ 的环境下。现在的计算机虽然其本身的散热性能很好，但过高的环境温度仍然会使计算机工作时产生的热量散不出去，轻则缩短计算机的使用寿命，重则烧毁计算机的芯片或其他配件。现在计算机硬件技术的发展非常迅速，硬件更新换代相当快，计算机的散热已成为一个不可忽视的问题。温度过低则会使计算机的各配件之间产生接触不良的问题，从而导致计算机不能正常工作。有条件的话，最好在安放计算机的房间安装空调，以保证计算机正常运行时所需的环境温度。

2. 湿度要求

计算机要求环境的相对湿度为 20%～80%。相对湿度过高时，会使计算机元器件和电路板受潮而腐蚀，严重时会发生电路板短路，影响计算机的正常工作。相对湿度过低时，干燥的环境会使计算机受静电干扰，产生错误的操作。

3. 防尘要求

由于计算机各组成部件非常精密，如果计算机工作在灰尘较多的环境下，就有可能堵塞计算机的各种接口，使其不能正常工作。因此，不要将计算机安置于粉尘浓度高的环境中，如确实需要安装，应做好防尘工作。另外，最好能一个月清理一次计算机机箱内部的灰尘，做好机器的清洁工作，以保证计算机的正常运行。

二、计算机维护

计算机的使用寿命是有限的，但做好日常维护可延长其使用寿命，使其处于比较好的工作状态，充分发挥其作用。维护得不好就可能出现数据丢失、操作系统出错、预定的工作无法完成，甚至不能正常工作等问题。所以，做好计算机的日常维护是十分必要的，可以让计算机发挥出它的最大性能，让计算机始终工作在最稳定的状态。正确的维护应从以下几个方面进行。

1. 正确开机

计算机的启动方法有三种：冷启动、热启动和复位启动。

(1) 冷启动。冷启动是指计算机在断电情况下，按下主机箱上的电源开关（Power键）开机启动。

（2）热启动。热启动是指在计算机已开机运行的情况下所进行的重新启动。当计算机在运行中出现异常或死机后，就需要对计算机进行热启动。在Windows 7系统中热启动的方法是：单击打开“开始”按钮，在弹出的“开始”菜单的“关机”按钮的下拉菜单中单击“重新启动”命令，即可实现热启动，如图1-10所示。

另外，按下“Ctrl+Alt+Del”组合键，也可实现热启动。

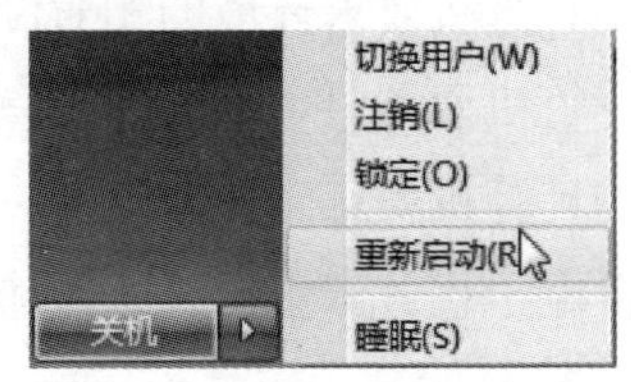

图1-10　单击“关机”按钮的下拉菜单

（3）复位启动。如果计算机死机后通过以上方法无法重新启动，可以按下主机箱上的复位启动按钮（Reset键）进行复位启动。

2. 正确关机

计算机不能采用直接关闭主机电源开关的方法关机，因为这样不但会造成一些系统信息丢失，而且还会造成下次启动困难。

关机时应在保证所有窗口都已正常关闭的前提下，单击桌面左下方任务栏上的“开始”按钮，在弹出的“开始”菜单中单击“关机”按钮，计算机系统将自动进行关机处理工作，处理完毕，将关闭主机电源。

另外，按下“Ctrl+Alt+Del”组合键，也可完成关机操作。

3. 计算机电子设备打开、关闭顺序

由于计算机包含主机和外部设备，这些都是电子设备。因此，应遵循正确的打开和关闭这些电子设备的顺序。

正确打开电源的顺序是：先打开显示器、打印机等外部设备，再打开主机电源。

正确关闭电源的顺序是：先关主机电源，再关显示器、打印机等外部设备电源。

4. 硬盘的保护

硬盘正在进行读、写操作时不可突然断电。硬盘要注意防震，开机运行时尽量不要搬动计算机。

三、防治计算机病毒

计算机病毒是指人为编制或者在计算机程序中插入的破坏计算机功能或者破坏数据，影响计算机正常使用，并且能够自我复制的一组计算机指令或者程序代码。

1. 计算机病毒的特点

（1）寄生性。计算机病毒寄生在其他程序之中，当执行这个程序时，病毒就起破坏作用，而在未启动这个程序之前，它是不易被人们发现的。

（2）传染性。计算机病毒随着程序的运行而繁殖，随着数据或程序代码的传送而传播。在不同程序之间，借助移动硬盘、网络等在计算机之间迅速传播。

（3）潜伏性。有些计算机病毒像定时炸弹一样，可以长期隐藏在文件中而不被人发现，待到触发条件成熟，病毒才开始发作。

（4）隐蔽性。计算机病毒具有很强的隐蔽性，因为它本身容量很小，一旦运行之后会自动修改自己的文件名，并隐藏在用户不常用的文件夹中，很难被发现，这类病毒处理起来通常很困难。

（5）破坏性。计算机中毒后可能会导致正常的程序无法运行，通常表现为对正常程序的增、删、改、移。

（6）可触发性。计算机病毒一般都有一个触发条件，一旦具备了触发条件，病毒就会发作。

2. 感染计算机病毒的一般征兆

计算机感染病毒后的表现包括系统运行速度降低、屏幕上经常出现异常的提示或图形、计算机莫名其妙死机、文件的大小或文件名称被改变等。发现计算机出现这样的现象，用户就要做出反应，及时清理，以减少计算机病毒继续传播的可能性，降低危害。

3. 计算机病毒的预防与清除

对计算机病毒进行防治，首先要了解计算机病毒的传播途径，一般计算机病毒在计算机之间传播的途径有两种：一种是通过移动存储设备进行传播，在两台计算机之间通过移动存储设备交换信息的时候，隐藏在文件中的计算机病毒就会伴随文件传播出去；另一种是在网络通信过程中进行传播。

为了预防和清除计算机病毒，已经研制出了许多反病毒软件，用它们对病毒进行检测和清除。从根本上来说，应立足于预防，切断病毒的传染途径。一般来说应从以下几个方面来预防计算机病毒。

（1）不使用来历不明的磁盘、U 盘、光盘及移动硬盘。

（2）做到专机专用，专盘专用。

（3）对重要的数据、信息、文件及程序进行及时备份。

（4）安装防病毒卡或防病毒软件进行实时监控。

（5）发现病毒出没的迹象时，应及时采取杀毒措施。

（6）不非法复制或拷贝。

（7）在上网时，不轻易打开来历不明的信息资料或电子邮件，不浏览非法网站。

上述措施只是一般性的防治手段，重要的是要在思想上重视，认识到计算机病毒的危害，加强对计算机的管理，切断病毒的一切传播途径。

习题

1. 计算机主要应用在哪些领域？
2. 计算机系统包括哪两大部分？它们之间的关系是什么？
3. 怎样正确开、关机？
4. 计算机病毒具有哪些特点？

第2单元 Windows 7操作系统入门

模块1　Windows 7 的桌面

Windows 7 的桌面由桌面快捷图标和任务栏等组成。

一、快捷图标

图标是代表应用程序、文件、打印机信息、计算机信息等的图形。桌面上一些右下角带有小箭头的图标称为快捷图标，用户可以通过它快速、直接地启动应用程序，打开文件或文件夹，减少在菜单或文件夹中寻找的时间。应注意快捷图标只是起到“标签”或“快速通道”的作用，它并不是所代表的内容本身。一些快捷图标是在安装应用程序时由安装程序自动添加的，用户也可以根据自己的需要在桌面上自己创建快捷图标。桌面上系统默认的图标一般有：

1. “计算机”图标

“计算机”图标用于浏览计算机磁盘的内容，进行文件管理工作，更改计算机软、硬件配置和管理打印机等，如图 2-1a 所示。

2. “Administrator”图标

“Administrator”图标用于保存和管理用户常用的文档、图片、音乐、视频等内容，如图 2-1b 所示。

3. “回收站”图标

“回收站”图标是一个文件夹，用于临时存放和管理已删除的文件，也可以从回收站中把被删除的文件恢复到原来的位置，如图 2-1c 所示。

4. “网络”图标

当用户的计算机连接到内部局域网上时，利用“网络”图标可以访问其他计算机的共享资源，如图 2-1d 所示。

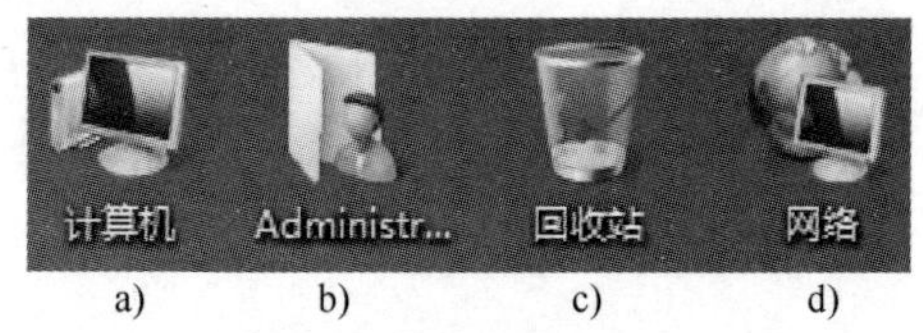

图 2-1　快捷图标

a）“计算机”图标　b）“Administrator”图标

c）“回收站”图标　d）“网络”图标

二、任务栏

任务栏是 Windows 桌面底部的区域，是 Windows 操作系统的重要组件，根据操作系统与软件安装和配置的不同，在任务栏上有不同的按钮，而且根据个人的需要和喜好也可以自定义任务栏的内容。Windows 7 的任务栏从左到右依次包括“开始”按钮、“快速启动”栏、“应用程序”栏、“语言”栏和通知区域等，如图 2-2 所示。

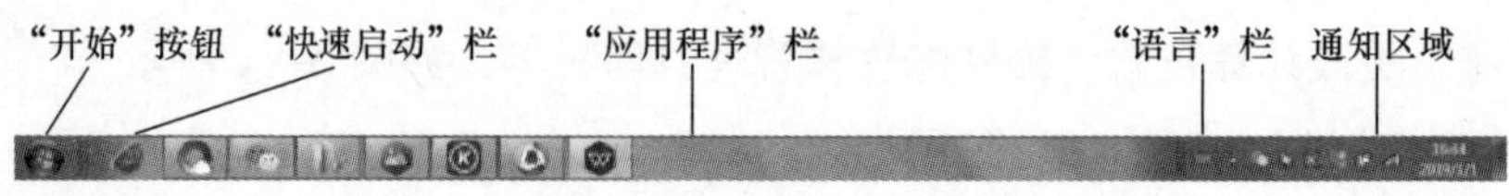

图 2-2　Windows 7 任务栏

1. “开始”按钮

该按钮位于任务栏的最左侧，单击该按钮即显示“开始”菜单。

2. “快速启动”栏

“快速启动”栏存放着一些程序的启动图标，单击这些图标即可打开相应的程序。

3. “应用程序”栏

“应用程序”栏存放了当前所有打开窗口的最小化图标。用户每打开一个窗口，系统都会在“应用程序”栏放置一个与该窗口相关的图标。通过单击这些图标可在不同的窗口之间进行切换。

4. “语言”栏

“语言”栏用于显示和选择当前的输入语言和输入法，也可按下“Ctrl+Shift”组合键在输入法之间进行切换。

5. 通知区域

用于显示一些在后台运行的程序及工具图标，如文字、输入法、系统时间、音量控制等。例如，QQ、微信等一些软件启动后，即把程序图标放入通知区域，当收到聊天信息后会显示提示信息；单击或双击声音图标可以对声音进行设置；双击时间图标可以查看日历和更改系统时间。

模块 2　Windows 7 的基本操作

鼠标是操作 Windows 系统的重要工具，Windows 7 系统通过各种窗口显示出相应的内容。

一、鼠标的使用

在 Windows 7 桌面上，通常有一个表示鼠标当前位置的小光标，称为鼠标指针或鼠标光标。当鼠标移动时，屏幕上的鼠标指针也随之移动。如果要使鼠标指针从屏幕的左上角移到屏幕的右下角，并不要求鼠标一次移动相应的距离，而是先使鼠标向右下方移动，若鼠标在桌子上的活动空间不便于向右下方移动，可用手提起鼠标使其离开桌面（这时屏幕上鼠标指针停在当前的位置），把鼠标放到易于向右下方移动的位置，然后继续移动鼠标。在使用时手心轻轻贴住鼠标尾部，手腕自然垂放，移动时用手带动鼠标做平面运动。

1. 指向操作

移动鼠标，将鼠标指针移到某个对象上，但不会选定该对象。

2. 单击操作

用食指快速按一下鼠标左键，然后迅速松开，从而选定某个目标（如菜单、文件等）或者是某项操作。

3. 双击操作

连续两次快速单击鼠标左键，该操作常用于启动程序或打开窗口。

4. 拖放操作

用鼠标左键单击某个对象，并按住不放，移动鼠标指针到另一目的地，再松开鼠标左键。该操作常用于将操作对象移动到新的位置。

5. 右击操作

迅速按下鼠标右键并立即松开，会弹出操作对象的快捷菜单。

二、窗口的操作

Windows 7 每启动一个程序就会生成一个程序窗口，同时在任务栏的“应用程序”栏中产生一个最小化的图标按钮。程序与窗口、“应用程序”栏上的按钮基本上都是一一对应的。Windows 7 启动几个程序，桌面上就会出现几个窗口，“应用程序”栏上也就会增加几个按钮。

1. 窗口的组成

Windows 7 窗口包括窗口边框、菜单栏、状态栏及工作区域等，如图 2-3 所示。

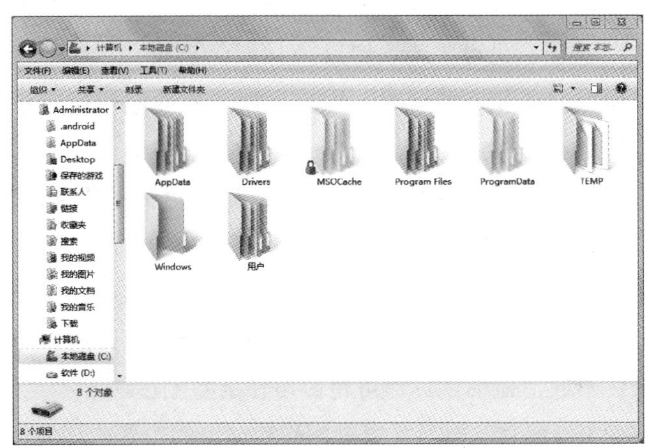

图 2-3　窗口

（1）窗口边框。决定窗口大小的四条边即窗口边框。

（2）菜单栏。返回键下面一行即为菜单栏，菜单栏中有多个菜单，用于对窗口进行各种操作。

（3）状态栏。状态栏位于窗口的底部，用来显示该窗口的状态。

（4）工作区域。工作区域是窗口的内部区域，它显示了当前窗口的内容。

2. 窗口操作

用户在浏览窗口时可根据需要执行对窗口的基本操作，如调整窗口的大小及切换当前激活的窗口等。

（1）最大化、最小化、还原或关闭窗口按钮。在窗口的最上边，最右端，从左到右依次为“最小化”按钮，“最大化”按钮或“还原”按钮及“关闭”按钮，它们位于窗口右上角位置。单击这些按钮即可执行相应的操作。

双击窗口最上方区域（标题栏）可以实现窗口的最大化和还原的切换。

要关闭某个窗口，则可以通过双击窗口左上角或按“Alt+F4”组合键来实现。右击显示在任务栏中的程序图标，在快捷菜单中选择“关闭”选项，也可关闭该窗口。

当桌面上存在多个窗口时，用户可以一次性地使所有窗口都最小化，方法是右击任务栏的空白处，然后从弹出的快捷菜单中选择“显示桌面”命令即可。要恢复原来的窗口，则右击任务栏空白处，然后在快捷菜单中选择“显示打开的窗口”命令。

（2）移动窗口或改变窗口的大小。当窗口的大小没有被设为最大化或最小化时，可以将鼠标移到窗口最上方区域，然后单击鼠标左键并按住不放，拖动鼠标即可将窗口在桌面上移动。

要改变窗口尺寸，则需要把鼠标移到窗口的边框或任意一角，当鼠标变成双向箭头时，按住鼠标左键进行拖动，窗口大小即可改变。

（3）切换窗口。Windows 7 启动一个程序后，通常会打开一个程序窗口，同时在“应用程序”栏上产生一个相应的按钮，即程序与窗口、“应用程序”栏上的按钮基本上是一一对应的。在任何时候，只有一个程序是当前活动程序，要控制其他程序，必须将其切换为当前活动程序，切换程序的方法如下。

1）单击切换。单击程序窗口的任何地方，该窗口切换为当前活动窗口。采用这种方法的前提是程序窗口没有被其他程序窗口完全覆盖。

2）通过任务栏切换窗口。单击任务栏中程序对应的按钮即可。如果任务栏应用了“分组相似的任务栏”设置，那么先单击“分组”按钮，再单击分组中相应的程序名。

3）通过“Alt+Tab”组合键切换窗口。按住“Alt”键不放，再按“Tab”键，这时屏幕弹出一任务框，框中排列着当前打开各窗口的图标，然后再按一次“Tab”键，就会按顺序选中一个窗口图标。

（4）退出窗口。使用完程序后需要退出程序，以便释放其所占用的系统资源。退出程序有以下几种方法。

1）单击程序窗口右上角的“关闭”按钮。

2）单击菜单栏的“文件”菜单中的“关闭”命令。

3）按“Alt+F4”组合键。

4）将鼠标移动到窗口最上方区域，单击右键，在弹出的快捷菜单中单击“关闭”命令。

5）右击任务栏上窗口对应的按钮，在弹出的快捷菜单中单击“关闭窗口”命令。

3. 窗口与对话框的区别

Windows 7 使用对话框来与用户进行信息交流。对话框是一种特殊形式的窗口，主要用于系统设置、信息获取和交换等操作，它由标题栏、选项卡、“关闭”按钮、“应用”按钮等组成，如图 2-4 所示。对话框可以在桌面上任意移动。

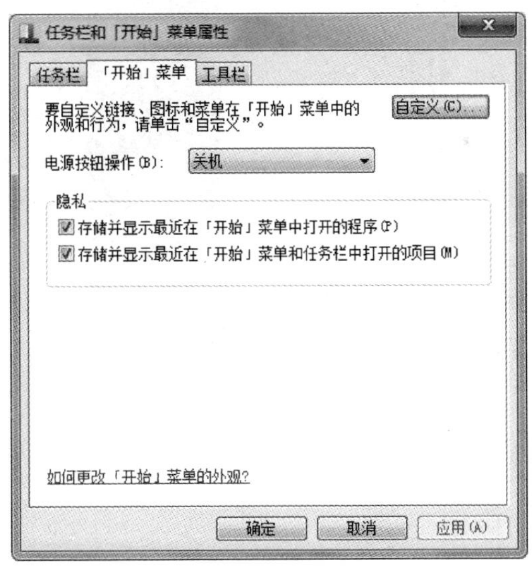

图 2-4　对话框

对话框与窗口不同的是，对话框的大小不能改变，也没有“最大化”或“还原”按钮。

模块 3　使用“开始”菜单

“开始”菜单是 Windows 操作系统中图形用户界面的基本部分，可以称为 Windows 系统的中央控制区域。在默认状态下，Windows 7“开始”按钮位于计算机桌面左下角。

一、打开“开始”菜单

单击任务栏最左侧的“开始”按钮可打开“开始”菜单，如图 2-5 所示。

图 2-5　“开始”菜单

二、启动应用程序

“开始”菜单主要集中了用户可能用到的各种操作，如程序的快捷方式、常用的文件夹等，使用时只需在“所有程序”栏中单击相应的项目即可，如图 2-6 所示。

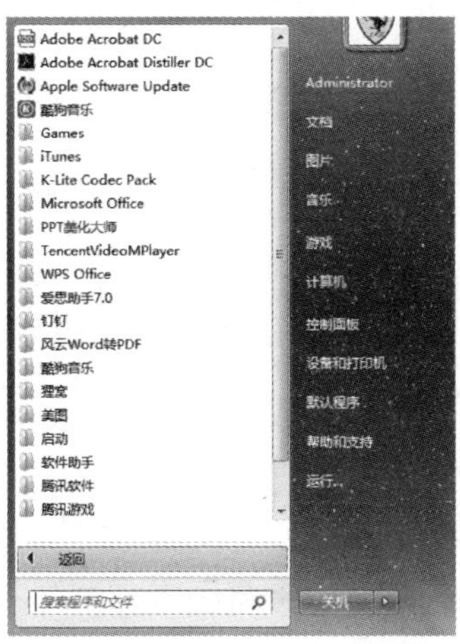

图 2-6　从“开始”菜单中启动程序

三、关机操作

在“开始”菜单右下角的“关机”按钮右侧有一个小三角，单击其即可出现含有“切换用户”“注销”“锁定”“重新启动”“睡眠”5 个命令的下拉菜单。

1. 关机

关机时，首先会关闭计算机所有运行中的程序，然后关闭操作程序，向主板和电源发出特殊信号，让电源切断对所有设备的供电，计算机彻底关闭，下次开机就是重新开启计算机。

2. 切换用户

切换用户针对有 2 个以上注册用户的计算机，切换后运行的程序还会继续运行，不像睡眠一样程序定格。单击“切换用户”后，计算机出现“选择用户”界面，单击“其他用户”即可切换到其他用户。

3. 注销

向系统发出清除现在登录的用户请求，清除后即可使用其他用户登录当前计算机系统。注销不可以替代重新启动，只可以清除当前用户的缓存空间和注册表信息。

4. 锁定

执行“锁定”操作是帮助用户使用计算机时的隐私保护。锁定计算机后，只有用户或管理员才可以登录，并且当用户解除锁定并登录计算机后，打开的文件和正在运行的程序可以立即使用。

5. 重新启动

重新启动即重新启动计算机，自动关机、开机，初始化计算机的软、硬件（只是没有断电）。安装一些比较大的软件或一些比较大的系统更新时，经常需要选择重新启动。

6. 睡眠

睡眠也就是假关机，以很小的电量保持系统随时被唤醒，主要是为了省电，长时间不用计算机又不想彻底关机时即可选择“睡眠”。

模块 4　计算机资源管理

计算机资源主要包括存储在计算机硬盘上的文件和文件夹，以及存储在外部硬盘（如 U 盘）上的文件和文件夹。

一、文件和文件夹管理

在 Windows 7 中，用于文件和文件夹管理的工具主要包括“计算机”“资源管理器”“Administrator”和“回收站”，其中，“计算机”和“资源管理器”是文件和文件夹的主要管理工具，“Administrator”为用户提供了管理图片文件、音乐文件等的功能，“回收站”用于对已删除的文件和文件夹进行删除与还原管理。

1. 文件和文件夹

文件是存储在存储介质上具有名字的一组相关信息（如数字、字符、汉字、图像、声音）的集合。它可以是一组数据、一个程序、一份报告或一篇文章等。当用户创建一个文件时，用户要指定文件名及文件的存储位置。任何程序和数据都是以文件的形式存储在磁盘上的，储存在磁盘上的每一个文件，都有唯一的名字，称为文件名。

文件分为数据文件和程序文件。数据文件往往又称为文档，泛指存储文字、图片、声音、影像等数据的文件；程序文件是许多指令的集合，由这些指令构成具有一定功能的应用程序。

一个磁盘上可以存放许多文件，为了区分这些文件，必须对每一个文件进行命名，即为每一个文件取一个文件名。文件名由主文件名和扩展名两部分组成，它们之间以小圆点“.”分割，格式为：主文件名 . 扩展名。主文件名是文件的主要标记，而扩展名则表示文件的类型。文件类型不同，显示的图标和描述也不同。

文件夹是一个存储文件的实体，通过文件夹把不同的文件或文件夹分层、分组归类。其命名规则与文件相同，但一般不使用扩展名。文件夹的最高层称为根文件夹或根目录，在文件夹中建立的文件夹称为子文件夹，子文件夹还可以再包含子文件夹，这样的结构称为树状结构。树状结构的文件夹是目前最流行的文件管理模式，它的优点是结构合理、层次分明。

用户可以利用 Windows 7 中的“计算机”或“资源管理器”浏览及管理计算机中的文件和文件夹。

2. 资源管理器

Windows 7 系统中的所有资源，包括文件、文件夹、设备都可以统一通过资源管理器浏览和管理。资源管理器是 Windows 7 文件管理、信息导航的基本界面。资源管理器以目录树的方式管理文件和文件夹。

要使用资源管理器浏览文件和文件夹，必须先将其打开，打开步骤为：右击桌面左下角“开始”按钮，在弹出的快捷菜单中单击“打开 Windows 资源管理器”命令。

启动后的资源管理器如图 2-7 所示，与“计算机”窗口相似，该窗口是一个普通的窗口，主要包括标题栏、菜单栏、左窗格、右窗格、状态栏等部分。

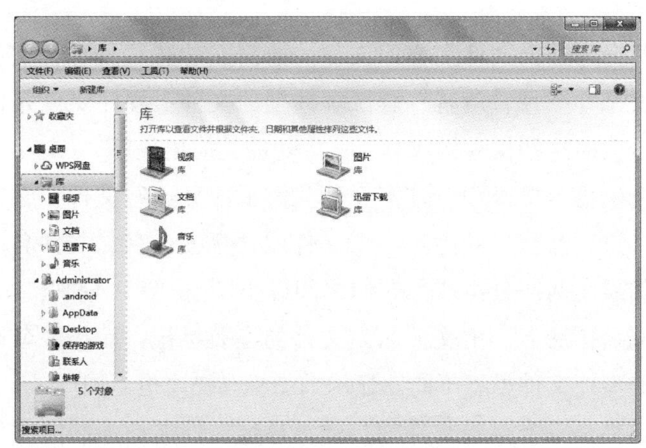

图 2-7　资源管理器

“资源管理器”窗口中的左窗格显示的是所有收藏夹、库、磁盘和文件夹树形结构，右窗格显示的是在左窗格中选择项目的内容。在左窗格中，若收藏夹、库、磁盘或文件夹前面有 ▷ 符号，则表明还有下一级内容可供展开，单击 ▷ 符号即可展开下一级目录，再次单击即可折叠下一级目录。

3. 选定文件或文件夹

对用户来说，选定文件或文件夹是一种非常重要的操作，因为

Windows 7 的操作风格是先选定操作的对象，然后单击执行操作的命令。例如，要删除文件，用户必须先选定所要删除的文件，然后单击“文件”菜单中的“删除”命令或按“Delete”键。

（1）选定单个文件或文件夹。单击所要选定的文件或文件夹即为选定，此时该文件或文件夹的图标以蓝底形式显示。

（2）选定多个连续的文件或文件夹

1）鼠标操作。单击所要选定的第一个文件或文件夹，然后按住“Shift”键不放，单击最后一个文件或文件夹；或用鼠标框选所要选择的文件或文件夹。

2）键盘操作。移动光标到所要选定的第一个文件或文件夹上，然后按住“Shift”键不放，用方向键移动光标到最后一个文件或文件夹上。

（3）选定多个不连续的文件或文件夹。单击所要选定的第一个文件或文件夹，然后按住“Ctrl”键不放，单击其他文件或文件夹。选定文件或文件夹的方法同样适用于选定其他对象。

4. 复制文件或文件夹

在对文件或文件夹进行复制操作时，可以使用菜单栏或快捷菜单中的“复制”和“粘贴”命令，也可以使用鼠标拖动的方法。其中常用的操作方法有以下几种：

（1）鼠标拖动法。分别打开要复制的对象所在的文件夹窗口和目标文件夹窗口，使两个窗口都同时可见，然后选定文件或文件夹，在按下“Ctrl”键的同时用鼠标左键将所选对象拖动到目标文件夹窗口中放置即可。

（2）快捷菜单法。打开需要复制的对象所在的文件夹窗口，右击需要复制的文件或文件夹，从弹出的快捷菜单中单击“复制”命令，然后打开目标文件夹，右击文件夹窗口的空白处，单击快捷菜单中的“粘贴”命令，所需要复制的文件或文件夹就会被复制到当前窗口中。

（3）组合键法。选定需要复制的文件或文件夹，按下“Ctrl+C”组合键，然后打开目标文件夹，按下“Ctrl+V”组合键，完成文件或文件夹的复制。

5. 重新命名文件或文件夹

文件或文件夹的图标都有一个名称，Windows 7是根据文件或文件夹的名称来对文件或文件夹进行存取的。文件名由主文件名和扩展名两部分组成。扩展名是用来标识文件类型的，相同类型的文件都有相同的扩展名。一般具有相同扩展名的文件图标也是一样的，如果要修改文件名，一般不修改扩展名，因为扩展名是文件类型的标识。

在Windows 7下修改文件或文件夹名称的方法很多，常用的有以下几种方法：

（1）先选定要修改文件名的文件或文件夹，然后右击，在快捷菜单中单击“重命名”命令。

（2）先选定要修改文件名的文件或文件夹，然后直接按键盘上的F2键或两次单击（两次单击间隔时间应稍长一些，以免使其变为双击）文件或文件夹名称处，使文件或文件夹名称处于编辑状态（蓝色反白显示），在名称框中输入新的名称即可。

6. 删除文件或文件夹

当磁盘中的一个或多个文件或文件夹没用时，用户可以考虑将它们删除，以释放磁盘空间，这样也有利于对其他的文件或文件夹进行管理。删除文件或文件夹可按以下方式进行：

在计算机桌面、“计算机”或“资源管理器”中选定要删除的文件或文件夹，如果同一个窗口中有多个要删除的文件或文件夹，可以先选定一个，然后按住“Ctrl”键，依次选定其余要删除的文件或文件夹，右击，在弹出的快捷菜单中单击“删除”命令或按“Delete”键，系统将打开“删除文件”或“删除文件夹”对话框

(一个文件或文件夹时，若为两个或两个以上的文件或文件夹，则系统将打开“删除多个项目”对话框)，单击“是”按钮确定操作，则所有选定的文件或文件夹都将被逻辑删除，即暂时被移到回收站内。

删除的文件或文件夹移入回收站后，当今后发现还需要这些文件或文件夹时还可以将它们还原。虽然在“计算机”和“资源管理器”中看不到它们，但它们在回收站中仍会占据一定的磁盘空间，只有永久删除才可以真正释放出磁盘空间。

永久删除文件或文件夹时，首先打开“回收站”，选定想要永久删除的文件或文件夹，右击，从弹出的快捷菜单中单击“删除”命令，打开“删除文件”或“删除文件夹”对话框（一个文件或文件夹时，若为两个或两个以上的文件或文件夹，则系统将打开“删除多个项目”对话框)，单击“是”按钮确定操作，则所有选定的文件或文件夹都将被永久删除。

7. 创建文件或文件夹

为了系统、有效地管理和使用系统文件和磁盘数据，用户可根据需要自己创建一个或多个文件或文件夹，然后将不同类型或用途的文件分别放在不同的文件夹中，使自己的文件系统更加有条理。由于文件夹中可以包含子文件夹，所以用户可在磁盘根目录下创建文件夹，也可在任何一个子文件夹中创建下一级新文件夹。

（1）创建一个新文件有以下几种方法

1）在计算机桌面或打开要在其中创建新文件的文件夹，在计算机桌面或窗口空白处单击鼠标右键，单击快捷菜单中的“新建”命令，选择需要创建的文件类型。

2）打开需要创建的文件程序，单击菜单栏的“文件”菜单中的“保存”命令，将新文件保存到指定位置。

3）在已打开的程序中，单击菜单栏的“文件”菜单中的“新建”命令中的相应文件类型，将创建一个新文件。

（2）创建一个新文件夹可按以下步骤进行

1）在计算机桌面或打开要在其中创建新文件夹的文件夹。

2）右击计算机桌面或文件夹窗口的空白部分，从弹出的快捷菜单中单击“新建”命令中的“文件夹”命令，或者在窗口菜单栏的“文件”菜单中单击“新建”命令中的“文件夹”命令，都可以在指定的位置新建一个文件夹，其默认的名字为“新建文件夹”。

3）在文件夹名称框中，可以输入新的文件夹名称，然后在空白处单击即可完成创建。

二、磁盘管理

磁盘管理是对计算机硬盘及外部硬盘（如 U 盘）的属性等进行查看以及检查、修复硬盘的方式。根据日常使用情况，这里针对 U 盘的磁盘管理进行详细介绍。

1. 格式化 U 盘

在 U 盘出现病毒或需要彻底清空的时候，可对 U 盘进行格式化，其操作步骤如下。

（1）将 U 盘插入计算机的 USB 接口中，在桌面双击“计算机”图标，在打开的“计算机”窗口中找到 U 盘。

（2）在 U 盘图标上右击，在弹出的快捷菜单中选择“格式化”命令，弹出“格式化 可移动磁盘”对话框，单击“开始”按钮即可，如图 2-8 所示。

2. 查看 U 盘容量、卷标

在“格式化 可移动磁盘”对话框中首先看到的是容量选项，U 盘的容量是固定的，这一选项不能更改。

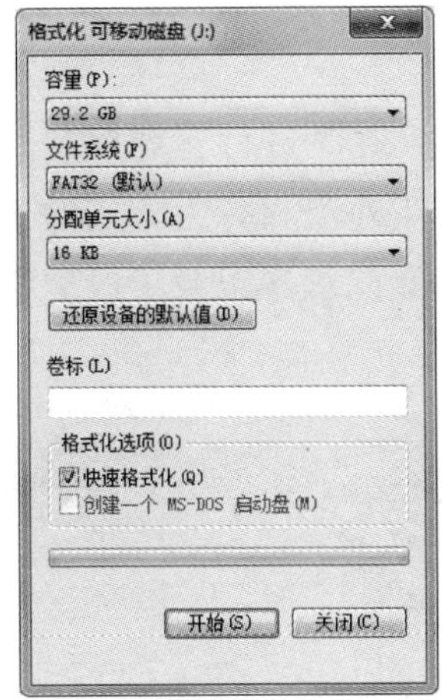

图 2-8 “格式化 可移动磁盘”对话框

卷标是指 U 盘在插入计算机 USB 接口后在“计算机”窗口所显示的名字，在“卷标”下的文本框内输入设定的 U 盘名称，格式化后即可重新命名 U 盘。

模块 5 操作系统设置

操作系统是管理计算机硬件与软件资源的计算机程序，同时也是计算机系统的内核与基石。操作系统需要处理如管理与配置内存、决定系统资源供需的优先次序、控制输入与输出设备、操作网络与管理文件系统等基本事务。同时操作系统也提供一个让用户与系统交互的操作界面。

下面从控制面板和系统显示两个方面介绍对 Windows 7 操作系统的设置。

一、控制面板

控制面板是对 Windows 7 进行管理控制的中心，它集成了很多专门用于更改 Windows 7 外观和行为方式的工具，通过这些工具可以安装新硬件、添加和删除程序以及更改屏幕的外观等，如图 2-9 所示。

图 2-9 “控制面板”窗口

要打开控制面板，只需单击“开始”按钮，在打开的“开始”菜单右边列表中单击“控制面板”命令，即可启动控制面板。

当第一次打开控制面板时，用户将看到控制面板中常用的项目，这些项目按照分类排列。要打开某个项目，单击该项目图标或类别名即可。

二、显示设置

计算机开启后，用户首先看到的是计算机的桌面，桌面的显示效果可通过调整计算机桌面背景、屏幕分辨率、屏幕保护程序等操作进行设置。

1. 设置屏幕保护

屏幕保护是为了保护显示器而设计的一种专门的程序，是为了防止计算机因无人操作而长时间显示同一个画面，导致显示器老化而缩短其寿命。另外，虽然屏幕保护并不是专门为省电而设计的，但一般 Windows 系统下的屏幕保护程序都会大幅度降低屏幕亮度而有一定的省电作用。Windows 7 系统设置屏幕保护操作方法如下。

（1）在计算机桌面空白处单击鼠标右键，在弹出的快捷菜单中单击最下方的“个性化”命令，弹出“个性化”窗口，如图 2-10 所示。

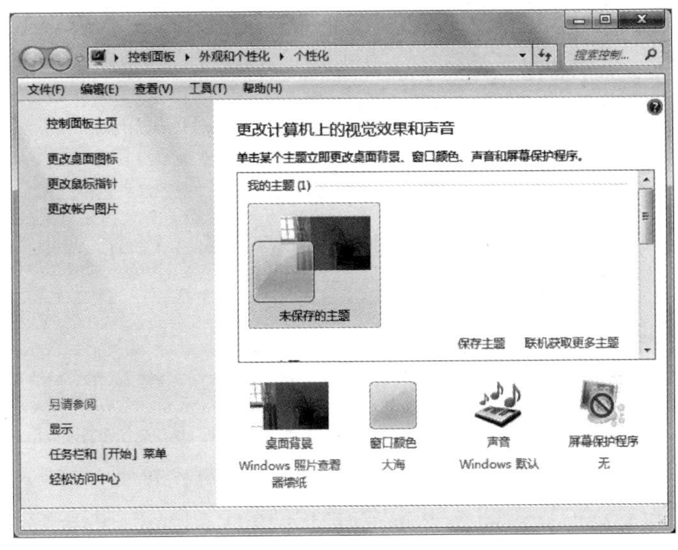

图 2-10 “个性化”窗口

（2）单击窗口右下方“屏幕保护程序”图标，弹出“屏幕保护程序设置”对话框，如图 2-11 所示。

（3）在“屏幕保护程序”下拉列表框中选择相应的屏幕保护程

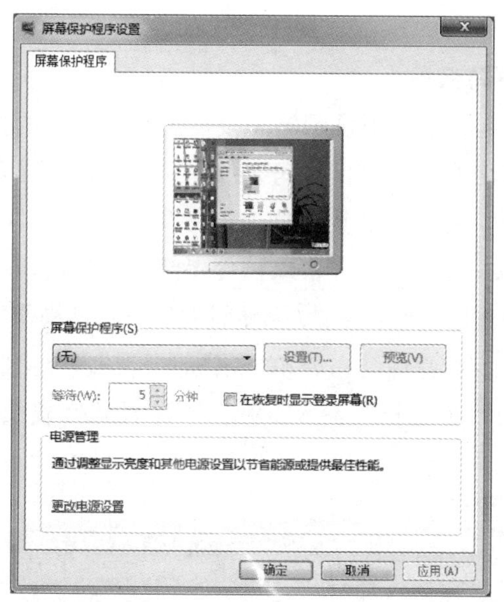

图 2-11 “屏幕保护程序设置”对话框

序，并通过调整“等待”微调按钮中的时间，设置计算机停止操作多长时间后运行屏幕保护程序。最后依次单击“应用”“确定”按钮即完成操作。

2. 设置屏幕分辨率

屏幕分辨率是指屏幕显示的分辨率。屏幕分辨率是确定计算机屏幕上显示多少信息的设置，以水平和垂直像素来衡量。屏幕分辨率低时，在屏幕上显示的像素少，但尺寸相对比较大；屏幕分辨率高时，在屏幕上显示的像素多，但尺寸相对比较小。设置屏幕分辨率的方法如下：

（1）方法一。操作步骤如下：

1）单击计算机桌面左下角“开始”按钮，在弹出的“开始”菜单右侧单击“控制面板”命令，弹出“控制面板”窗口，如图 2-9所示。

2）单击该窗口的“外观和个性化”类别中的“调整屏幕分辨率”

命令，弹出“屏幕分辨率”窗口，如图 2–12 所示。在“分辨率”下拉列表框中通过拖动滑块来调整屏幕的分辨率，然后单击“确定”按钮。

图 2–12 “屏幕分辨率”窗口

（2）方法二。操作步骤如下：

在计算机桌面空白处单击鼠标右键，在弹出的快捷菜单中单击“屏幕分辨率”命令，即可弹出如图 2–12 所示“屏幕分辨率”窗口，然后进行设置。

3. 更改桌面背景

桌面图标背后的广大区域为桌面背景，可通过改变桌面背景的图案使桌面更加美观。在 Windows 7 操作系统中改变桌面背景的方法如下：

（1）方法一。操作步骤如下：

1）单击计算机桌面左下角“开始”按钮，在弹出的“开始”菜单右侧单击“控制面板”命令，弹出“控制面板”窗口，如图 2–9 所示。

2）单击该窗口中“外观和个性化”类别中的“更改桌面背景”命令，弹出“桌面背景”窗口，如图 2–13 所示。单击“浏览”按钮，选择设置为计算机桌面背景图片所存放的路径，单击“保存修改”按钮即可。

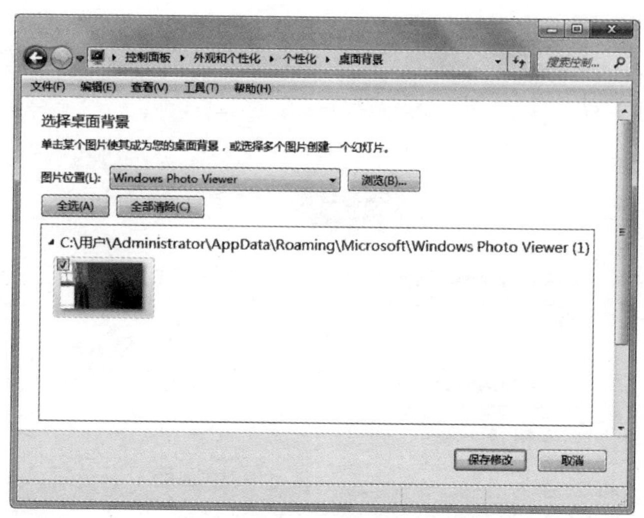

图 2-13 “桌面背景”窗口

（2）方法二。操作步骤如下：

在计算机桌面空白位置单击鼠标右键，在弹出的快捷菜单中单击最下方的“个性化”命令，弹出“个性化”窗口，如图 2-10 所示。单击窗口下方的“桌面背景”图标，弹出“桌面背景”窗口，如图 2-13 所示，进行更改桌面背景的操作即可。

习题

1. 在计算机上进行鼠标操作练习。
2. 窗口由哪些部分组成？
3. “注销”与“重新启动”的区别是什么？
4. 归纳“资源管理器”窗口与“计算机”窗口的区别。
5. 如何设置屏幕分辨率？

第3单元

英文录入技能和训练

模块 1　键盘键位及其功能

键盘是计算机中最基本的输入设备，文字是通过键盘录入的。标准键盘可以分为 5 个区：主键盘区、编辑键区、功能键区、小键盘区、指示灯区。标准键盘的键位分布如图 3-1 所示。

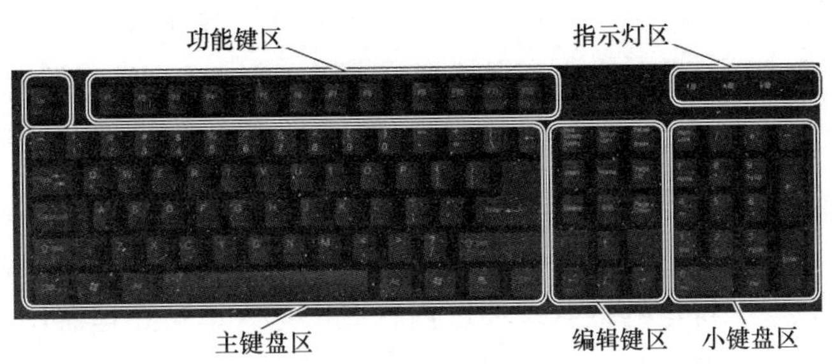

图 3-1　标准键盘的键位分布

一、主键盘区键位

主键盘区上按键的分布与英文打字机基本相同，该区除了包含英文字母键、数字键、标点符号、常用运算符、空格键之外，还有一些特殊键。

在开机之后的默认状态下，按英文字母键，则输入小写的字母；按“双符”键，则输入下档字符。

1. “Shift 键”：“换档”键。该键主要用于字母大小写的临时切换和“双符”键上、下档的临时切换，它没有锁定作用。“Shift”键有左右两个，这两个键的作用等效。

按住“Shift”键不放，再按字母键，则改变原来的大小写状态输入字母。即若原为小写状态，则此操作输入大写字母；若原为大写状态，则此操作输入小写字母。

按住“Shift”键不放，再按“双符”键，就输入双符键的上档字符。

若不按“Shift”键，直接按“双符”键，则输入双符键的下档字符。

2. “Caps Lock”键：“大小写锁定”键。该键是字母大小写锁定切换的转换开关。开机之后的默认状态是输入小写字母。按一下“Caps Lock”键后，键盘右上角“Caps Lock”指示灯亮，此后输入字母皆为大写。此状态一直保持到再次按“Caps Lock”键为止。

注意：“Caps Lock”键仅对字母键起作用，数字键和其他符号键都不受影响。

3. “Enter”键：“回车”键。当一条命令由键盘输入时，该命令被放在一个特定的键盘缓冲区内，尚未送入中央处理器让命令处理程序执行，此时还有机会纠正命令中的错误。若按“Enter”键后，则把命令送入中央处理器执行，该命令执行后，光标就移到下一行开始处。因此，“Enter”键又称为“回车换行”键。

4. “Backspace”键：“退格”键。在输入命令时难免会出错，在按“回车”键之前，按一下“退格”键，光标退回一格并删掉该处原字符，然后可以重新输入字符。

5. “Esc”键：“取消”键。无论是在 DOS 还是 Windows 环境

下，该键的作用均为放弃正在进行的操作。

6. “Tab”键：“制表位”键。按此键，则光标移到下一个制表位。若光标位于表格中，按此键则光标移至下一个单元格。

7. “Ctrl”键：“控制”键。“Ctrl”键常和其他键组合使用，形成组合键，可产生各种特殊的功能。例如，“Ctrl+P”组合键用于接通打印机。

8. “Alt”键：“转换”键。该键常与其他键组合使用，产生转换等功能。例如，“Alt+字母键”常用于选择菜单。

二、编辑键区键位

1. “Insert”键：“插入”键。该键是“插入或改写”状态的切换开关。开机之后，一般默认初始状态为“插入”状态。按一下该键，则转为“改写”状态；再按一下该键，又转为“插入”状态。

2. “Delete”键：“删除”键。该键用于删除插入点后一个字符。

3. “←、↑、↓、→”键：“方向”键。一般分别用于向左、向上、向下、向右移动光标。

4. “Home”键：使光标移到当前行的行首。

5. “End”键：使光标移到当前行的行尾。

6. “Page Up”键（或 PgUp 键）：使光标上移一屏。

7. “Page Down”键（或 PgDn 键）：使光标下移一屏。

8. “Pause”键：“暂停”键。该键用于暂停程序运行。

三、功能键区

功能键区共有 12 个键，分别用 F1 ~ F12 标示。设置功能键的目的是简化键盘操作。按下某功能键，相当于键入一条命令。

计算机所运行的软件系统不同，每个功能键所定义的功能也随之不同。

四、小键盘区

该区的键位与普通计算器相似，该区各键具有双重功能：既可作为数字键，又可作为编辑键。两种状态的转换由数字键盘区左上角的“Num Lock”键控制，它是重复触发键，其状态由 Num Lock 指示灯指示。

当“Num Lock”指示灯亮时，该区处于数字键状态，可输入数字和运算符号，其作用与主键盘区数字键的功能一样。可用右手单独完成大批量的数字输入，特别适合财会与银行相关人员使用。

当“Num Lock”指示灯灭时，该区处于编辑状态，小键盘成为编辑键盘，可进行光标移动和编辑操作。

五、指示灯区

指示灯区用来表明键盘所处的状态。

模块 2　键盘操作

一、录入操作姿势

计算机数据录入时，要求操作员在较长时间里坐着工作，如果姿势不正确，很快就会感到疲劳，从而影响数据录入的速度和质量。因此，操作员必须掌握正确的录入操作姿势。正确的录入操作姿势如图 3-2 所示。

图 3-2　正确的录入操作姿势

1. 正确的坐姿

操作员平坐在椅子上，上身挺直，微向前倾。椅子的高度应调整到使双脚能自然地踏在地板或脚垫上。双脚踏地时可以稍呈前后参差状。

2. 手臂、手腕和手指的运用

两肩放平，大臂与小肘微靠近身躯；小臂与手腕略向上倾斜，不可拱起，也不可触到键盘。

手掌斜度应与键盘的斜度保持一致，手指自然弯曲，轻轻地放在与各手指相应的基本键上，左、右手拇指应放在空格键上。

3. 眼睛平视屏幕

眼睛保证平视屏幕，不要看键盘。

二、指法

1. 手指的分工。实践证明，人用双手交替击键的速度最高，单手换指击键的速度次之，单手同指击键的速度最低。因此，要求操作员必须采用双手击键的方法。各键位手指分工如图 3-3 所示。

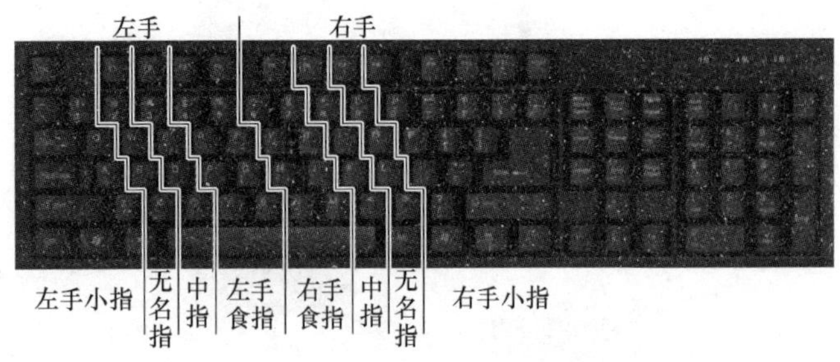

图 3-3　各键位手指分工

2. 每一个手指都有其固定对应的按键。

（1）左小指：`、1、Q、A、Z。

（2）左无名指：2、W、S、X。

（3）左中指：3、E、D、C。

（4）左食指：4、5、R、T、F、G、V、B。

（5）左、右拇指："空格"键。

（6）右食指：6、7、Y、U、H、J、N、M。

（7）右中指：8、I、K、L。

（8）右无名指：9、O、L、.。

（9）右小指：0、P、;、/、-、[、'、=、]、\。

3. A、S、D、F、J、K、L、; 8 个按键称为基准键，它们是除拇指外双手各指停放的基准位置，并作为敲击其他键的参照位置。F 和 J 键上各有一个凸起的小标记，操作员通过食指感触凸起的标记，很容易将手指正确地放置于基准键位上。

4. 键盘左半部分由左手负责，右半部分由右手负责。各手指实行"包键到指"，不允许"互相帮助"。

5. 手指敲击基准键的上排或下排的键位后要及时地放回到基准键上，因为基准键离上下其他键位的平均距离最短。

6. 击键时要做到以下几点：

（1）打字时，先将手指拱起，按各指的分工轻轻地放在基准键上，只有敲击上下行键位时，才将手指伸直去击键，但击键后应立即回到基准键上。

（2）用指端垂直击键，动作要轻快、果断。

（3）要用相等的时间和均匀的力量击键。

7. 各手指具有以下特点。

（1）拇指。拇指短，不灵活，击键时容易往里合拢。击空格键时，容易引起其他手指往上翘，使得姿势变形，造成击键不连贯，影响输入速度。因此，拇指应自然地外张，悬在空格键上方，击键时，用臂、腕与拇指的合力迅速弹击，但用力要适当，防止用腕力和扭转力击键。

（2）食指。食指比较灵活，但分工的按键较多，如不注意，容易造成击键不准。因此，在练习时应认真体会各键位之间的距离。

（3）中指。中指较长，击键时往往用力过重。因此，应注意中指与其他手指互相配合，均衡用力。

（4）无名指。无名指相对不太灵活，力量小，应注意加强练习。

（5）小指。小指短且不灵活，击键时容易使手背向外倾斜，而用指尖外侧击键。因此，在练习中应注意加强小指力量的锻炼，增强其灵活性。

8. 注意事项。在指法练习中，应避免发生下述错误。

（1）不是击键，而是按键，一直压到底，没有弹性。

（2）击键时手指往里勾或往外翘。

（3）左手击键时，右手离开基准键，搁在键盘边框上。

（4）击键后手指未及时返回基准键或回到基准键时指位错乱。

（5）打字时没有悬腕，而是把手腕搁在桌子上。

（6）击键的力量过大。

9. 手指操开始练习时，各手指的灵活性及力量不均，而且各手指间的相互依赖性较强，建议在非上机练习时，抽空做下述手指操，以帮助增强手指的力量及灵活性。

（1）尽力将双手手指分开，然后从小指开始，将手指逐个分开，再从拇指开始，将手指逐个分开，最后将手指放松并轻轻握拳。

（2）双手十指分开，在桌面上逐个手指轻叩。当用某个手指叩击桌面时，其他手指应保持原状。练习一段时间后，十个手指再交替叩击。在练习中应注意增强无名指与小指的叩击力量。

三、录入操作的基本原则

在进行指法训练或数据录入时，应遵循下述基本原则。

1. 两眼专注原稿，不允许看键盘

这条原则是要求操作员采用“触觉打字法”。所谓“触觉”，是指敲击键盘要靠手指的感觉而不是靠眼睛看着键盘的“视觉”。这是因为人的眼睛在同一时间里既看稿件又看键盘、屏幕，往往会顾此失彼，又容易疲劳。而运用“触觉”打字，可以做到“眼看稿件，手指击键，各负其责，通力合作”，大大加快输入速度。

2. 精神高度集中，避免出现差错

速度和质量是数据录入的两个最重要的指标。在数据录入过程中，如果精神不集中，一方面会降低输入速度，另一方面不可避免地会出现差错。

现在市面上有各种英文打字练习的软件，这些软件内容丰富、设计精巧，初学者可以利用这些软件进行打字练习，将会收到事半功倍的效果。

模块3　指法训练

将键盘打字键区中除最上一排数字键外的三排键分为上排键、

中排键、下排键。下面分别进行指法训练。

一、中排键的指法训练

中排键是指键盘上从左至右排列的 A、S、D、F、G、H、J、K、L、；这 10 个键。

1. 练习一

G H F J D K S L A；G H F J D K S L A；

G H F J D K S L A；G H F J D K S L A；

G H F J D K S L A；G H F J D K S L A；

G H F J D K S L A；G H F J D K S L A；

G H F J D K S L A；G H F J D K S L A；

G G G G G H H H H H F F F F F J J J J J D D D D D

K K K K K S S S S S L L L L L A A A A A ；；；；；

G G G G G H H H H H F F F F F J J J J J D D D D D

K K K K K S S S S S L L L L L A A A A A ；；；；；

2. 练习二

GFDSA HJKL；GFDSA HJKL；GFDSA HJKL；GFDSA HJKL；

FALD；FALD；FALD；FALD；FALD；FALD；FALD；FALD；

KLJFA KLJFA KLJFA KLJFA KLJFA KLJFA KLJFA KLJFA

SFDLG SFDLG SFDLG SFDLG SFDLG SFDLG SFDLG SFDLG

HSALJ HSALJ HSALJ HSALJ HSALJ HSALJ HSALJ HSALJ

二、上排键的指法训练

上排键是指 Q、W、E、R、T、Y、U、I、O、P 这 10 个键。

1. 练习一

T Y R U E I W O Q P　T Y R U E I W O Q P

T Y R U E I W O Q P　T Y R U E I W O Q P

T Y R U E I W O Q P　T Y R U E I W O Q P

T Y R U E I W O Q P　T Y R U E I W O Q P

T Y R U E I W O Q P　T Y R U E I W O Q P

T Y R U E I W O Q P　T Y R U E I W O Q P

T T T T T Y Y Y Y Y　I I I I I W W W W W

T T T T T Y Y Y Y Y　I I I I I W W W W W

T T T T T Y Y Y Y Y　I I I I I W W W W W

T T T T T Y Y Y Y Y　I I I I I W W W W W

2. 练习二

T Y R U E I W O Q P　T Y R U E I W O Q P

T Y R U E I W O Q P　T Y R U E I W O Q P

T Y R U E I W O Q P　T Y R U E I W O Q P

T Y R U E I W O Q P　T Y R U E I W O Q P

T Y R U E I W O Q P　T Y R U E I W O Q P

T T T T T　Y Y Y Y Y　R R R R R　U U U U U　E E E E E

I I I I I　W W W W W　O O O O O　Q Q Q Q Q　P P P P P

T T T T T　Y Y Y Y Y　R R R R R　U U U U U　E E E E E

I I I I I　W W W W W　O O O O O　Q Q Q Q Q　P P P P P

R R R R R O O O O O R R R R R

U U U U U Q Q Q Q Q U U U U U

Q Q Q Q Q E E E E E P P P P P

E E E E E P P P P P O O O O O

TREWQ YUIOP TREWQ YUIOP TREWQ YUIOP

TREWQ YUIOP TREWQ YUIOP TREWQ YUIOP

TQW YWQ TQW YWQ TQW YWQ TQW YWQ TQW YWQ

UWT IRQ UWT IRQ UWT IRQ UWT IRQ UWT IRQ

OQE OQE OQE OQE OQE OQE OQE OQE OQE OQE

EQWY EQWY EQWY EQWY EQWY EQWY EQWY EQWY

EQWY EQWY EQWY EQWY EQWY EQWY EQWY EQWY

YQEP YQEP YQEP YQEP YQEP YQEP YQEP YQEP

EQWY EQWY EQWY EQWY EQWY EQWY EQWY EQWY

3. 练习三

AQA;P;AQA;P;AQA;P;AQA;P;AQA;P;

SWS LOL SWS LOL SWS LOL SWS LOL SWS LOL

DED KIK DED KIK DED KIK DED KIK DED KIK

FRF JUJ FRF JUJ FRF JUJ FRF JUJ FRF JUJ

FRF JUJ FRF JUJ FRF JUJ FRF JUJ FRF JUJ

GTG HYH GTG HYH GTG HYH GTG HYH GTG HYH

AQW ;PO AQW ;PO AQW ;PO AQW ;PO AQW ;PO

4. 练习四

OF OF OF OF OF OF OF OF OF OF OF OF OF OF

THE THE THE THE THE THE THE THE THE THE

THE OF THE OF THE OF THE OF THE OF THE OF

ITS IS ITS IS ITS IS ITS IS ITS IS ITS IS

Lotus Lotus Lotus Lotus Lotus Lotus Lotus Lotus

Silk Silk Silk Silk Silk Silk Silk Silk

work work work work work work work work

High High High High High High High High

Whole Whole Whole Whole Whole Whole Whole

right right right right right right right

leaf leaf leaf leaf leaf leaf leaf leaf

This This This This This This This This

Petals Petals Petals Petals Petals Petals

Deep Deep Deep Deep Deep Deep Deep Deep

set set set set set set set set set set

shows shows shows shows shows shows shows

Details Details Details Details Details

Post Post Post Post Post Post Post Post

large large large were were were laugh laugh laugh

off are allure for full fresh folded google free tight

三、下排键的指法训练

下排键是指 Z、X、C、V、B、N、M、,、.、/这 10 个键，包括 7 个字母键和 3 个符号键。

1. 练习一

BNVMC, X. Z/ BNVMC, X. Z/ BNVMC, X. Z/ BNVMC, X. Z/

BNVMC, X. Z/ BNVMC, X. Z/ BNVMC, X. Z/ BNVMC, X. Z/

BNVMC, X. Z/ BNVMC, X. Z/ BNVMC, X. Z/ BNVMC, X. Z/

ZXCVBNM, ./ ZXCVBNM, ./ ZXCVBNM, ./ ZXCVBNM, ./

ZXCVBNM, ./ ZXCVBNM, ./ ZXCVBNM, ./ ZXCVBNM, ./

ZXCVBNM, ./ ZXCVBNM, ./ ZXCVBNM, ./ ZXCVBNM, ./

2. 练习二

HNH GBG HNH GBG HNH GBG HNH GBG HNH GBG

HNH GBG HNH GBG HNH GBG HNH GBG HNH GBG

JMJ FVF JMJ FVF JMJ FVF JMJ FVF JMJ FVF

JMJ FVF JMJ FVF JMJ FVF JMJ FVF JMJ FVF

JHN FGB JHN FGB JHN FGB JHN FGB JHN FGB

JHN FGB JHN FGB JHN FGB JHN FGB JHN FGB

K, K DCD K, K DCD K, K DCD K, K DCD K, K DCD

K, K DCD K, K DCD K, K DCD K, K DCD K, K DCD

L, L SXS L, L SXS L, L SXS L, L SXS L, L SXS

L，L SXS L，L SXS L，L SXS L，L SXS L，L SXS

；/；AZA ；/；AZA ；/；AZA ；/；AZA ；/；AZA

；/；AZA ；/；AZA ；/；AZA ；/；AZA ；/；AZA

；/L AZS ；/L AZS ；/L AZS ；/L AZS ；/L AZS

；/L AZS ；/L AZS ；/L AZS ；/L AZS ；/L AZS

L. K SXD L. K SXD L. K SXD L. K SXD L. K SXD

L. K SXD L. K SXD L. K SXD L. K SXD L. K SXD

K，J DCF K，J DCF K，J DCF K，J DCF K，J DCF

K，J DCF K，J DCF K，J DCF K，J DCF K，J DCF

JMH FVG JMH FVG JMH FVG JMH FVG JMH FVG

JMH FVG JMH FVG JMH FVG JMH FVG JMH FVG

HMN GBY HMN GBY HMN GBY HMN GBY HMN GBY

3. 练习三

AND AND AND AND AND AND AND AND AND AND

AND AND AND AND AND AND AND AND AND AND

IN IN IN IN IN IN IN IN IN IN IN IN IN IN IN IN

ON ON ON ON ON ON ON ON ON ON ON ON ON

ARTISTICALLY ARTISTICALLY ARTISTICALLY

ARTISTICALLY ARTISTICALLY ARTISTICALLY

METICULOUS METICULOUS METICULOUS METICULOUS

METICULOUS METICULOUS METICULOUS METICULOUS

painting painting painting painting painting painting

painting painting painting painting painting painting

anonymous anonymous anonymous anonymous anonymous

anonymous anonymous anonymous anonymous anonymous

time time time time time time time time time

picture picture picture picture picture picture

picture picture picture picture picture picture

Standing Standing Standing Standing Standing Standing

Standing Standing Standing Standing Standing Standing

Chinese Chinese Chinese Chinese Chinese Chinese

Emperor Emperor Emperor Emperor Emperor Emperor

Emperor Emperor Emperor Emperor Emperor Emperor

Bloom Bloom Bloom Bloom Bloom Bloom Bloom Bloom

Bloom Bloom Bloom Bloom Bloom Bloom Bloom Bloom

四、数字键的指法训练

数字键位于打字键区的最上一排，包括 0~9 这 10 个数字键。

1. 练习一

12345 09876 12345 09876 12345 09876 12345 09876

892438 849302 892438 849302 892438 849302 892438 849302

283903 293802 283903 293802 283903 293802 283903 293802

684294 302842 684294 302842 684294 302842 684294 302842

483025 679403 483025 679403 483025 679403 483025 679403

740300 924301 740300 924301 740300 924301 740300 924301

183912 731 132 183912 731 132 183912 731 132 183912 731 132

523894 213295 523894 213295 523894 213295 523894 213295

594239 742667 594239 742667 594239 742667 594239 742667

203941 932145 203941 932145 203941 932145 203941 932145

493801 326245 493801 326245 493801 326245 493801 326245

58842 289724 58842 289724 58842 289724 58842 289724

677023 749934 677023 749934 677023 749934 677023 749934

107564 392760 107564 392760 107564 392760 107564 392760

249390 1 23383 249390 1 23383 249390 1 23383 249390 1 23383

1 1 1 29 3 1 1 1 29 3 1 1 1 29 3 1 1 1 29 3

4283 1 9 1 4283 1 9 1 4283 1 9 1 4283 1 9 1

2583 2 209837 2583 2 209837 2583 2 209837 2583 2 209837

1 28429 302 1 28429 302 1 28429 302 1 28429 302

95 9 5 6823 1 95 9 5 6823 1 95 9 5 6823 1 95 9 5 6823 1

2. 练习二

1989. 2. 11 1962. 9. 26 1963. 3. 13 1989. 2. 2

USD150. 00 RMB31. 36

270kg . 380cm . 490km . 720ft 18tons 19mm 20miles

Try567 3pins 12yards out1230 eye321 pro678 tree47

220pages 28cm * 23cm 21cm * 56cm 21%34+66 56-23

1st 2nd 3rd 4th 5th 6th 7th 8th 9th 10th 11th

3. 练习三

tour 1234 quit 5678 weep 7890 tour 1234 quit 5678 weep

poor 3245 look 8789 with 4763 poor 3245 look 8789 with

very 0869 good 3612 girl 5570 very 0869 good 3612 girl 5570

man 5764 woman 1073 high 8833 man 5764 woman 1073 high

习题

1. 简述正确的录入操作姿势。
2. 简述录入操作的基本原则。
3. 练习输入英文短文。

The Grand China

China is the largest of all Asian countries and has the largest population of any country in the world. Occupying nearly the entire East Asian landmass, it occupies approximately one-fourteenth of the land area of Earth. Among the major countries of the world, China is surpassed in area by only Russia and

Canada, and it is almost as large as the whole of Europe.

With more than 4,000 years of recorded history, China is one of the few existing countries that also flourished economically and culturally in the earliest stages of world civilization. Indeed, despite the political and social upheavals that frequently have ravaged the country, China is unique among nations in its longevity and resilience as a discrete politico-cultural unit. Much of China's cultural development has been accomplished with relatively little outside influence.

China is well endowed with mineral resources, and more than three dozen minerals have proven economically important reserves. The country has rich overall energy potential, but most of it remains to be developed. In addition, the geographical distribution of energy places most of these resources far from their major industrial users. Basically, the Northeast is rich in coal and petroleum, the central part of North China has abundant coal, and the southwest has great hydroelectric potential. However, the industrialized regions around Guangzhou and the lower Yangtze region around Shanghai have too little energy, while there is little industry located near major energy resource areas other than in the southern part of the Northeast. Thus, although energy production has expanded rapidly, it has continued to fall short of demand, and China has been purchasing increasing quantities of foreign petroleum and natural gas.

China is one of the great cradles of world civilization, and its culture is remarkable for its duration, diversity, and influence on other cultures, especially those of its East Asian neighbours. Following is a survey of Chinese culture; in-depth discussions of specific cultural aspects are found in the article *Chinese literature* and in the sections on Chinese visual arts, music, and dance and theatre of the article arts, *East Asian*.

第4单元 汉字录入技能和训练

汉字输入法就是利用键盘并根据一定的编码规则来录入汉字的一种方法。英文字母只有 26 个，它们对应着键盘上的 26 个按键，而汉字的字数有近十万个，为了向计算机中输入汉字，必须将汉字拆成若干个小的单元，并将这些单元与键盘上的按键产生某种关系，这样才能通过键盘按照某种规律输入汉字，这种以某种规律输入汉字的方法就是汉字输入法。

模块 1　汉字的基本结构

汉字编码就是按照一定的规则，对指定的汉字字符集内的元素，也就是汉字，编制相应的代码。五笔字型编码方案就是这样一种编码的集合。

五笔字型输入法是一种根据汉字字型进行编码的输入方法，它具有以下特点：重码少，基本不用选字；字词兼容，字词之间无须换档；字根优选，键盘布局合理。五笔字型输入法是一种优秀的汉字输入法，目前得到广泛使用。

一、对汉字构成的新旧认识

学习五笔字型，首先要对汉字构成有一个新的认识。

1. 旧的认识

以前认为一个汉字是由偏旁或部首再加上其他笔画组成的。

例如，“明”字，“日”是部首，加“月”字构成“明”字。

“胃”字，“田”是部首，加“月”字构成“胃”字。

这里好像有个主次关系，偏旁或部首是主要的，其他部分是附属于偏旁或部首的。查字典时也必须先查偏旁或部首，再数其他部分的笔画，根据笔画数查找该字。

2. 新的认识

五笔字型认为构成一个汉字的几个部分是同等重要的，每个部分即为字根，没有偏旁或部首的概念。

例如，“照”字，如果查字典，会先查部首“灬”，然后数上面部分的笔画，查出这个字。而在五笔字型中，“照”字被认为是由同等重要的“日”“刀”“口”和“灬”4个字根组成的。

二、字根

1. 字根的概念

字根是构成汉字最重要、最基本的单位。由若干笔画交叉连接而成的相对不变的结构称为字根。一个汉字就像是一个家庭，而字根就相当于一个家庭成员。一个家庭由几个成员组成，每个成员都是组成家庭的基本单位，同时每个成员又都是一个独立的个体。在五笔字型中，字根被认为是组成汉字的最基本的单位，是一个独立的个体，不应再被拆分。

2. 字根的种类

在五笔字型中，从字根的角度来观察汉字，将千千万万的汉字归纳起来可以发现，虽然汉字千变万化，但构成汉字的字根却可以划分为有限的种类，这就是五笔字型的字根图上所排列的130多个基本字根，以及根据基本字根派生出来的一些小字根。

3. 要注意的问题

这里需要注意的一个问题是：汉字的字根并不等同于我们平时所说的偏旁或部首。例如“臻”字，它的部首是“至”，但在五笔字型中，“至”并不是字根，而应将它再拆分成“一”“厶”和“土”，“一”“厶”和“土”都是字根。

也有相反的情况，例如“交”字，部首为“亠”，而在五笔字型中，“亠”和“八”合在一起形成“六”，而“六”则可以视为一个字根。

因此，不要将字根的概念与偏旁部首混淆起来。字根是五笔字型的基本输入单位，不可再分。这里的不可再分，是指在进行汉字编码时，以字根为单位进行编码，不再将字根分成更小的几个部分进行编码。但是作为字根本身，它又是由笔画构成的。

三、笔画

1. 笔画的概念

严格地说，笔画是指书写汉字时，从落笔到抬笔之间一次写成的一个连续不断的线条。这就是常说的一笔一画的含义，一笔写成的才能称为一画。

通常可以形成这样一种认识：一个汉字是由一个或几个字根组成的，字根是对汉字进行编码的基本单位，而每一个字根又是由一个或几个笔画组成的，笔画不是汉字编码的基本单位。这样就形成了三个层次：笔画→字根→单字。

五笔字型是形码，它根据汉字的书写顺序，用若干个字根拼形编码。也就是说，把单字拆分为字根来编码，而不是把汉字分解为笔画。以字根为基本单位，这是五笔字型编码的基本思想。

笔画起一个识别作用，这种识别作用所需要的信息是笔画的种类。

2. 笔画的种类

汉字的笔画千变万化，种类繁多。为了化繁为简，便于编码和记忆，并结合键盘的使用，五笔字型输入法将汉字的笔画归纳为横、竖、撇、捺、折五类。

在五笔字型对笔画的五大类划分中，所包含的笔画有一些并不是通常意义上所理解的横、竖、撇、捺、折，而是为了编码方便，将一些类似的笔画放在了一起。因此，在这里横、竖、撇、捺、折就有了一个新的定义（见表 4-1）。

表 4-1　汉字的五种笔画

代号	笔画名称	笔画走向	笔画及其变形
1	横	左→右	一 一 ㇀
2	竖	上→下	丨 丨 亅
3	撇	右上→左下	丿
4	捺	左上→右下	丶 ㇏
5	折	带转折	乙 ㇇ ㇖ ㇋ ㇙ ㇄ ㇉

用这个定义作为划分笔画种类的标准，所有的汉字笔画在五笔字型中就被划分为五类。

3. 笔画的编号

所有的汉字笔画在五笔字型中都可以归结到上述五类笔画中。

按照五种笔画在汉字中出现频率的高低，依次将这五类笔画进行编号：代号“1”就代表“横”，而“折”就用代号“5”来表示。这样，所有的汉字笔画就可以划分为五类，分别用 1、2、3、4、5 来表示。

将汉字的笔画进行分类和编号，目的是对汉字起到一种识别的作用，这种识别作用所提供的信息是五笔字型编码中的一个重要内容。但是仅有笔画的识别作用是不够的，还需要对汉字的另外一些构成特征加以分析，才能为五笔字型的汉字编码提供一个完整的信息，这就是下面要讨论到的汉字的字型。

四、汉字的字型

1. 字型的概念

汉字的字型是指组成汉字的各个字根之间的位置关系，也就是通常所说的汉字字根间的结构关系。

2. 字型的种类

从汉字的整体上来观察一下汉字的字根间结构关系，会发现组成每一个汉字的字根之间的位置关系可以归纳为左右型、上下型和杂合型 3 类。其中，杂合型的汉字也称为独体字。

3. 笔画间的关系

字根间的位置关系构成汉字的字型，而字根的笔画之间也有一定的关系，这些关系可以归纳为以下四类。

（1）单。组成一个汉字的字根只有一个，这种位置关系称为单。

（2）散。一个字根的笔画与另一个字根的笔画之间没有任何交叉或相连，这种位置关系称为散。

（3）连。一个字根的笔画与另一个字根的笔画在一点上连在一起，这种位置关系称为连。

（4）交。一个字根的笔画与另一个字根的笔画交叉在一起，这种位置关系称为交。

一般左右型、上下型的汉字，其字根间的笔画都是散的关系，而杂合型的汉字，字根间的关系则比较复杂，可能是散的关系，也可能是连或交的关系。但一般字根的笔画间如果存在着连或交的关系，则这个汉字是杂合型的。

4. 字型的编号

如同对笔画的描述一样，汉字的字型种类也按照出现频率的高低来进行编号（见表 4-2）。

表 4-2　汉字字型代号

字型代号	字型	字例
1	左右型	汉 湘 结 到
2	上下型	字 室 花 型
3	杂合型	困 凶 这 司 乘 本 重 天 且

左右型和上下型的汉字在平时的文章中是最常见的，因此编号在前。杂合型是一种比较复杂的字型，之所以称之为杂合型，是因为这种汉字的笔画有连和交的现象。例如，“果”字是由“日”和“木”两个字根组成，这两个字根的笔画又有交叉，所以“果”字是杂合型的字。这样，所有汉字的字型就可以用 1、2、3 三个代号来表示。

5. 字型的识别

汉字是一种平面文字，同样的几个字根，摆放位置不同，就会形成不同的汉字。如“口”与“八”两个字根，如果左右摆放，是“叭”字；如果上下摆放，是“只”字。如果不从字型上加以区分，那么计算机将会认为这是两个完全相同的字。由此看出，字型是汉字输入时的重要特征信息，它和笔画一样，对汉字起到一种识别的作用。

在汉字的三种字型中，左右型和上下型比较好掌握，难点在于杂合型，尤其是杂合型与上下型的区分。要解决好这个问题，关键要记住以下几点：

（1）凡单笔画与字根相连者或带点结构均视为杂合型。

1）单笔画与字根相连的字，如“自”“产”“人”“主”“且”“千”“不”“下”“尺”等，都是杂合型。这样在末笔识别中，它们的字型代号都是 3。而“矢”“卡”“严”等都是上下型，因为它们不是单笔画与字根相连的。另外，单笔画与字根间有着明显间距的不认为是相连，如“个”“少”“鱼”“孔”“旧”“幻”“旦”等。

2）带点结构在五笔字型里也规定是相连的，如“勺”“术”“太”“主”“义”“头”“斗”等，它们的字型代号也都是 3。

（2）内外型字（全包或半包）属杂合型，如“困”“同”“国”等字都是杂合型，但“见”字为上下型。

（3）含两个字根且相交者为杂合型，如“东”“串”“电”“本”“无”“农”“里”等。

（4）单纯的带“辶”的字为杂合型，如“进”“逞”“远”“过”等。

（5）以下各字为杂合型：“司”“床”“厅”“龙”“尼”“式”“后”“反”“处”“办”“皮”“死”“疗”“压”等。而相似的下列字则是上下型：“右”“左”“有”“看”“布”“包”“友”“冬”“灰”等。

有了上面的一些基本概念和知识，就可以开始拆分汉字及对汉字进行编码了。汉字拆分和编码是五笔字型的两个最基本的内容，只有掌握了这两部分内容，才能最终学会用五笔字型输入汉字。

在学习这两部分内容之前，还需要对五笔字型下的字根键盘有充分的了解，因为最终是要通过键盘来输入汉字的。

模块 2　五笔字型的字根键盘

掌握五笔字型的字根键盘对输入汉字起到很关键的作用，不熟悉字根键盘对输入汉字无从谈起，因此，这部分一定要下功夫熟练掌握。

一、字根键盘的概念

平时所用的计算机键盘是标准键盘，26 个英文字母键在西文状态下可以输入各种语法指令。但是在五笔字型输入法中，每一个字母代表的不再是字母本身，而是代表了某一个字根，顺次输入几个字母，实际上是顺次输入了几个字根，五笔字型会将由这几个字根组成的汉字显示在屏幕上。这就出现了一个问题，英文字母只有 26 个，但五笔字型的基本字根就有 130 多个，显然 26 个字母与 130 多个字根不可能是一一对应的。一个字根必须由一个字母代表，但一个字母却可以代表几个字根。五笔字型规定，在 26 个英文字母中，除“Z”外，其他 25 个字母代表 130 多个字根，但不是平均分布，而是有的字母代表的字根多，有的字母代表的字根少。将字母和字根联系起来，那么字母在键盘上的键位也就是字根所在的键位。这些字根在 25 个字母键上并不是随意分布的，而是有着比较严格的规律。五笔字型字根键盘图和助记词如图 4-1 所示。

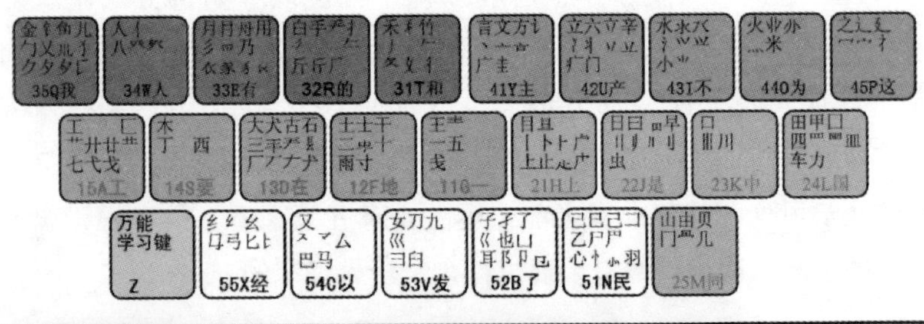

横区（一）	竖区（丨）	撇区（丿）	捺区（丶）	折区（乙）
G 11王旁青头戋(兼)五一 F 12土士二干十寸雨 D 13大犬三丰（羊）古石厂 S 14木丁西 A 15工戈草头右框七	H 21目具上止卜虎皮 J 22日早两竖与虫依 K 23口与川，字根稀 L 24田甲方框四车力 M 25山由贝，下框几	T 31禾竹一撇双人立反文条头共三一 R 32白手看头三二斤 E 33月彡(衫)乃用家衣底 W 34人和八，三四里 Q 35金勺缺点无尾鱼犬旁留乂儿一点夕氏无七(妻)	Y 41言文方广在四一高头一捺谁人去 U 42立辛两点六门疒 I 43水旁兴头小倒立 O 44火业头，四点米 P 45之宝盖，摘礻(示)衤(衣)	N 51已半巳满不出己左框折尸心和羽 B 52子耳了也框向上 V 53女刀九臼山朝西 C 54又巴马，丢矢矣 X 55慈母无心弓和匕幼无力

图 4-1　五笔字型字根键盘图和助记词

如何记住这 130 多个字根及其在键盘上的分布呢？了解键盘的分区划位，以及字根在键盘上的分布规律就很有必要。

二、键盘的分区划位

基本字根按首笔笔画分为 5 个区。

第一区，横起笔区，5 个键分别为 G、F、D、S、A。

第二区，竖起笔区，5 个键分别为 H、J、K、L、M。

第三区，撇起笔区，5 个键分别为 T、R、E、W、Q。

第四区，捺起笔区，5 个键分别为 Y、U、I、O、P。

第五区，折起笔区，5 个键分别为 N、B、V、C、X。

注意，这里用大写字母表示对应的键位，在实际输入时，应输入小写字母。

每个区又分为 5 个位。根据使用频率，位码从键盘中部向两边放射排列，共 25 个键位。每个键位都被赋予一个中文键名。这 25 个键名分别如下：

王（G）　土（F）　大（D）　木（S）　工（A）

目（H）　日（J）　口（K）　田（L）　山（M）

禾（T）　白（R）　月（E）　人（W）　金（Q）

言（Y）　立（U）　水（I）　火（O）　之（P）

已（N）　子（B）　女（V）　又（C）　纟（X）

三、字根分布规律

每个键位上，除了键名字根外，还有 2~6 种字根。这些字根的位码按如下规律确定。

1. 规律一

位码与次笔画代号一致，例如：

王：首笔是横，故在 1 区；次笔是横，故在 1 区 1 位。

白：首笔是撇，故在3区；次笔是竖，故在3区2位。

石：首笔是横，故在1区；次笔是撇，故在1区3位。

文：首笔是点，故在4区；次笔是横，故在4区1位。

之：首笔是点，故在4区；次笔是折，故在4区5位。

纟：首笔是折，故在5区；次笔是折，故在5区5位。

2. 规律二

位码与字根的笔画数目一致，例如：

三：首笔是横，故在1区；共有3个笔画，故位码为3。

女：首笔是折，故在5区；共有3个笔画，故位码为3。

3. 规律三

基本字根除了按以上的规律分配于键盘上外，还有一部分字根按如下规律安放于键盘上。

（1）字根的形态与键名相近。例如，字根“主”和“五”形态上与键名“王”相近，故这两个字根就放在“王”键上。

字根“日”“曰”“虫”“早”形态上与键名“日”相近，故这几个字根就放在“日”键上。

（2）与主要字根形态相近或渊源一致的字根放在同一键上。例如，把“氵”“氺”“水”字根都放在“水”键上；把“辶”“廴”字根放在“之”键上；把“扌”“龵”“手”放在同一个键上；把“阝”“卩”“耳”放在同一个键上。

130多个基本字根绝大多数都有规律地分配在键盘上，这样做的目的就是便于下一步记忆。但也有个别例外，其笔画特征与所在区、位码不符合，且缺乏字根间的联想性。例如，“车”与“力”放在“24（L）”键上，“心”放在“51（N）”键上。

四、字根助记词

为了便于字根的记忆，五笔字型中有一套比较形象和读来押韵的助记词，可以像背诗歌那样将其背下来。但在背之前，先要理解在助记词中所隐含的字根，这样才能关联记忆。比如，3 区 1 位的助记词“禾竹一撇双人立，反文条头共三一”一句，第一个字“禾”就是 3 区 1 位键的键名字；后面“竹”字指的是字根“竹”；“一撇”指的是所有符合“撇”定义的单笔画字根；“双人立”指的是字根“彳”；“反文”指字根“攵”；“条头”指字根“夂”。这些字根共同位于 3 区 1 位的键上。

由此可以看出，每个键位的助记词的第一个字都是这个键的键名字。每个键上都有一些其他字根，由于它们和键名字根十分相像，因此，就依附在键名字根旁边，在助记词中也就没有一一列举出来。而除键名字以外的大字根，利用拆字或谐音的方法在助记词中都列举出来了。在背助记词之前要先读懂助记词，在理解的基础上加以记忆。

模块 3　五笔字型汉字的拆分

一、键内字和键外字

观察字根总表，就可以发现在这张表上的 130 多个字根中，实际上有一些字根本身就是一个汉字。所以可以这样说，一张字根总表将汉字分为两大类：一类是字根总表中有的汉字，另一类是字根总表中没有的汉字。前一类汉字可以在五笔字型的字根键盘中找到，因此被称为“键内字”；后一类汉字就称为“键外字”。键内字本身就是一个字根，按照汉字拆分到字根一级就不再拆分的原则，这样的汉字就不需要再拆分了。前面讲过，字根是由笔画组成的，所以本身就是一个字根的汉字，它的输入就要依靠笔画的拆分，只要掌握了笔画的定义，将一个笔画与另一个笔画区分开是一件很容易的事。

在此主要是学习字根表内没有的键外字的拆分方法，这些键外字的共同特点是：它们都是由两个或两个以上的字根组成。

二、拆分原则

对键外字进行拆分时，应遵守以下原则。

1. 遵从字的书写顺序

将键外字拆分成若干个字根时，一定要按照正确的书写顺序进行。

2. 取大优先

按书写顺序拆分汉字时，应以“再添一个笔画便不能称其为字根”为限，每次都拆取一个尽可能大的字根，即尽可能笔画多的字根。这个原则是在汉字拆分中最常用到的基本原则。当然，这个尽可能大的字根一定也是在字根总表中有的字根，不能跳出五笔字型字根总表内的字根范围。例如“章”字，出现如下两种拆分方法：

章　　立　日　十

章　　立　早

这两种拆分方法中，第二种拆分方法是正确的。因为“日”和“十”可以合成一个更大的字根“早”。当拆分出的两个字根可以合成一个字根键盘上有的更大的字根时，就应当将它作为一个字根来处理。这就是取大优先原则。

3. 兼顾直观

在拆分汉字时，为了照顾汉字字根的完整性，有时不得不暂且牺牲一下“书写顺序”和“取大优先”的原则，形成个别例外的情况。例如“国”字，也会出现如下两种拆分方法：

国　　冂　王　丶　一

国　　囗　王　丶

如果遵照“书写顺序”的原则，第一种拆分方法是正确的。但是这样的拆分方法破坏了汉字的直观结构和汉字构成的本来意义，“国”本身就是“围起来的城”的含义，因此不应将“口”拆开。所以为照顾直观，应按照第二种方法拆分。像这样的全包围结构的汉字，都不应将全包围部分拆开处理。

4. 能散不连

有些汉字，组成它们的几个字根间的关系有时候不好判断，有些是模棱两可的，当遇到这种情况时，五笔字型输入法规定：能将字型判断为散的就不做相连来处理。

如“占”字，拆分成“卜”和“口”两个字根，如果认为这两个字根之间是相连的关系，就会将它看作杂合型结构的汉字；而如果认为这两个字根是散的关系，则会将它看作上下型结构的汉字，这在后面识别编码时会有所不同。依照“能散不连”的原则，认为将“占”看作上下型是正确的。

5. 能连不交

当一个字既可拆成相连的几个字根，也可拆成相交的几个字根时，五笔字型认为相连的拆法是正确的。因为一般来说，“连”比“交”更为直观。举例见表 4–3。

表 4–3　“能连不交”拆分原则示例

例字	方法 1（错误）	方法 2（正确）
于	二　丨	一　十
天	二　人	一　大
丑	刀　二	乛　土

第二种拆分方法之所以正确，是因为拆分出的字根之间的位置关系是相连的，笔画没有交叉。而第一种方法拆分出的字根的笔画间都有交叉。按照“能连不交”的原则，第二种拆分方法正确。

以上就是键外字拆分时所需要遵循的 5 条原则。而实际上，最常用的原则是前 2 条，用上后 3 条的字只是极少数。

三、拆分注意事项

拆分汉字时，只有拆分得正确，才能保证编码正确。在拆分汉字时，要注意以下两点。

1. 拆分出的字根必须是五笔字型字根总表中有的字根。

例如，“院”字，必须拆成“阝”“宀”“二”“儿”4 个字根，而不能拆成“阝”“宀”“元”3 个字根，因为“元”在五笔字型中不是一个字根。

2. 拆分汉字时必须按照正确的原则进行，不能随意拆分。

例如，“果”字拆分成“日”和“木”是对的，而拆分成“田”和“木”则是错的。

学习五笔字型，最主要的是要学习单个汉字的输入，只有掌握了单个汉字的输入方法，才能学好以后的词组输入。下面就来介绍学习五笔字型中单个汉字的输入方法。这里所讲的汉字输入方法，也就是汉字的编码方法。

需要特别强调的一点是，五笔字型汉字编码方法要求对每个汉字的编码最多只有 4 码，可以少于 4 码，但不能超过 4 码，超过 4 码的部分无效。

模块 4　五笔字型的汉字编码

一、键内字的编码

前面讲过，按照五笔字型的字根总表，可将千千万万的汉字分为字根总表中有的汉字（叫键内字）和字根总表中没有的汉字（叫键外字）。这两类汉字的编码方法是不相同的。下面先来学习键内字的编码方法。

1. 键名字的编码

仔细观察五笔字型的字根键盘，在每个键的左上角的字根，也是助记词中的每个键打头的字根。除“X”键上的“纟”外，其余 24 个键的这个位置上的字根都是汉字，这个汉字就是这个键上的键名字。

输入键名字的方法是将该键名字所在的键连击 4 下，即可得到这个键名字。所以，键名字的编码就是该键名字所在的键位代码重复 4 次。

例如，“王”字是 1 区 1 位上的键名字，因此，“王”字的编码就是 11 11 11 11，对应的字母是 G G G G。即连敲 4 下“G”键，即可得到“王”字。

再如，“木”字的编码是 14 14 14 14，对应的字母是 S S S S，“水”字的编码是 43 43 43 43，对应的字母是 I I I I。

2. 成字字根的编码

在一个字根键上不是键名字的那些既是字根又是汉字的键内字称为成字字根。成字字根也是汉字，它的编码方法与键名字是不同的。成字字根的编码如下。

第一码：成字字根所在的键位代码；

第二码：组成成字字根的笔画中第一笔画所在的键位代码；

第三码：组成成字字根的笔画中第二笔画所在的键位代码；

第四码：组成成字字根的笔画中末笔画所在的键位代码。

也就是说，在输入成字字根时，首先要敲一下这个成字字根所在的键位，形象地说，这个步骤也可以称为报户口，将成字字根所在的键位先报告一下。成字字根仅是由一个字根组成的，因此不能再拆分出字根。

前面提过字根是由笔画构成的，因此成字字根的输入需要对笔画进行拆分，按照书写顺序将成字字根拆分成一个个的单笔画，将笔画所在的键位代码顺次输入。前面也曾经讲过单笔画所在的键位是这样规定的：以单笔画的种类代号作为其所在的区码，而其所在的位码就是其所在区的第一位。因此可以说，所有归于横类的笔画都在 1 区 1 位上，所有归于竖类的笔画都在 2 区 1 位上，所有归于撇类的笔画都在 3 区 1 位上，所有归于捺类的笔画都在 4 区 1 位上，所有归于折类的笔画都在 5 区 1 位上。按照上面的编码规则来看下面的例子。

西（1 区 4 位上的成字字根）

第一步，报户口“西”这个成字字根在 1 区 4 位上，所以编码的第一码为 14，对应字母是“S”键。

第二步，将“西”拆分成一个一个的单笔画，按照五笔字型对笔画的分类，“西”是由“一”“丨”“㇕”“丿”“乚”“一”6 个笔画组成的。

第三步，“西”字的第二个码应该是组成它的第一个笔画所在的键位代码，也就是“一”，在 1 区 1 位上，所以“西”字的第二个码是 11，也就是“G”键。

第四步，“西”字的第三个码是第二个笔画“丨”所在的键位代码，2 区 1 位，所以“西”的第三个码是 21，也就是“H”键。

第五步，“西”字的第四个码，也就是最后一码，并不是顺次排下“西”字的第三个笔画所在的键位代码，而是最后一个笔画的键位代码。因为五笔字型要求一个汉字的编码最多不能超过 4 码，因此“西”字的编码不能按笔画顺次排下去，而是只取第一、第二和最后一个笔画。这样，“西”字的最后一个编码就是最后一个笔画“横”所在的键位代码 11，也就是“G”键。

至此，“西”字的编码完成了，即西 14 11 21 11 对应字母为

SGHG。

有些成字字根刚好是由 3 个笔画组成，加上报户口的第一码正好 4 码，如“上”“寸”“门”等。但是还有许多成字字根的笔画是相当少的，有时只有两画，即使都用来编码也凑不够 4 码，这该怎么办呢？比如下面几个字：

示例字　组成笔画

丁　　　一　丨

八　　　丿　㇏

一　　　一

像这些成字字根，本身只由一个或两个笔画组成，即使加上报户口的第一码也只有 2 码或 3 码，这符合五笔字型的编码原则吗？答案是肯定的。前面说过，五笔字型要求汉字的编码最多不能超过 4 码，但是却可以少于 4 码，因此，像“丁”“八”“一”这样笔画少的成字字根只要严格按照五笔字型的编码规则进行编码，就可以被五笔字型所接受。但是有一个要求，就是当编码少于 4 码时，在编码完毕后要加打一个“空格”键，目的是告诉系统对这个汉字的编码结束了。如果一个汉字可以编足 4 码，那么系统会自动确认编码工作完成，当不足 4 码时，就必须加打“空格”键以告诉系统编码工作完成。

注意：这个“空格”键并不算编码的一部分，它只是一个结束标志。

按照这个原则，对上面几个字就可以编码，见表 4-4。

表 4-4　成字字根示例

例字	第一码（报户口）	第二码	第三码	第四码	结束标志
丁	14 S	11 G	21 H	无	“空格”键
八	34 W	31 T	41 Y	无	“空格”键
一	11 G	11 G	无	无	“空格”键

以上讲述了五笔字型字根总表中键内字的编码方法，虽然众多的汉字都是键外字，键内字是少数，但由于它的编码方法比起键外字来有其特殊的地方，因此，应认真学好这一部分。

二、键外字的编码

比起键内字较复杂的编码方法，键外字的编码方法相对容易一些。前面讲过，键外字是五笔字型字根键盘上没有的汉字，是由两个或两个以上的字根键盘内有的字根组成的。因为五笔字型的编码是以字根为基础的，因此，在给键外字编码之前必须将它拆分成若干个字根。前面讲过了键外字的拆分原则和方法，掌握了键外字的拆分，实际上也就掌握了键外字的编码方法。

键外字也遵循五笔字型编码的规则，对每个键外字的编码最多不能超过 4 码。

1. 多字根字的编码

多字根字是由 4 个或 4 个以上字根组成的汉字。这种汉字有如下编码规则。

第一码：第一个字根所在的键位代码；

第二码：第二个字根所在的键位代码；

第三码：第三个字根所在的键位代码；

第四码：最末一个字根所在的键位代码。

多字根字的编码示例见表 4-5。

表 4-5　多字根字的编码示例

例字	第一码	第二码	第三码	第四码
键	钅 35 Q	⺕ 53 V	丨 21 H	廴 45 P
攀	木 14 S	× 35 Q	× 35 Q	手 32 R
照	日 22 J	刀 53 V	口 23 K	灬 44 O

2. 少于 4 个字根的汉字编码

这些汉字是由 3 个或 2 个字根组成的（如果是 1 个字根的汉字则属于键内字了）。它们的编码比起上面多字根字来有些特殊之处。因此，在讲述这种字的编码方法之前，还必须先学习在这类字编码中很重要的一个概念，这就是识别码。

识别码，也就是末笔（画）字型识别码，它是由汉字的最后一个笔画的代号作为区码，该汉字的字型代号作为位码构成的一个附加码。这里需要对末笔做一下说明。

(1) 汉字中有许多字是全包围或半包围结构的，这些字的末笔往往是包围部分的最后一笔。带“辶”的字，不以“辶”的末笔为末笔，而是以去掉“辶”后的那部分的末笔为末笔识别码。例如，按照汉字的书写顺序，“过”字最后一笔是“丶”，“国”字最后一笔是“囗”下面的“一”。但是在五笔字型的编码方法中规定，凡是全包围或半包围结构的汉字，将被包围部分的末笔作为末笔。所以，“过”字的末笔为字根“寸”的最后一笔“丶”，“国”字的末笔为“丶”。

(2) 末字根为力、刀、九、七等时，一律认为末笔画为折。

(3)“我”“戋”“成”等字的末笔为撇。

掌握了末笔的识别方法后，就很容易编识别码了。

例如，“码”字是由“石”和“马”两个字根组成的，不足 4 码。因此，它的编码就要加一个识别码：“码”字的最后一个笔画是“一”，“一”的代号是 1，“码”字是左右型结构，左右型的代号是 1，因此“码”的识别码就是 11，也就是“G”键。“码”字的完整编码见表 4-6。

表 4-6　“码”字的完整编码

例字	第一码	第二码	第三码（识别码）	结束
码	石 13 D	马 54 C	11 G	空格

因为加上识别码后仍不足 4 码，所以要加打空格键作为结束标志。上面的编码方法可以总结为表 4-7。

表 4-7　识别码

区码＼位码		字型（代号）		
		左右型 1	上下型 2	杂合型 3
末笔画代号	横 1	11G	12F	13D
	竖 2	21H	22J	23K
	撇 3	31T	32R	33E
	捺 4	41Y	42U	43I
	折 5	51N	52B	53V

3. 三字根字的编码方法

三字根字的编码方法为第一个字根的代码+第二个字根的代码+第三个字根的代码+识别码。

例如，“根”

第一码　第二码　第三码　第四码（识别码）

14S　53V　33E　41Y

4. 两字根字的编码方法

两字根字的编码方法为第一个字根的代码+第二个字根的代码+识别码。

由于两字根字的编码即使加上识别码也不足 4 码，因此，在编码结束后要加打空格键作为结束标志。

例如，“字”

第一码　第二码　第三码（识别码）

45P　52B　12F　加打空格键作为结束标志

前面所讲的编码都是一个汉字的全码，也就是它全部的编码，这个全码是相对于后面的简码而言的。

三、编码流程图和歌诀

总结前面所讲的汉字编码知识，就可以画出如图 4-2 所示的汉字编码流程图。

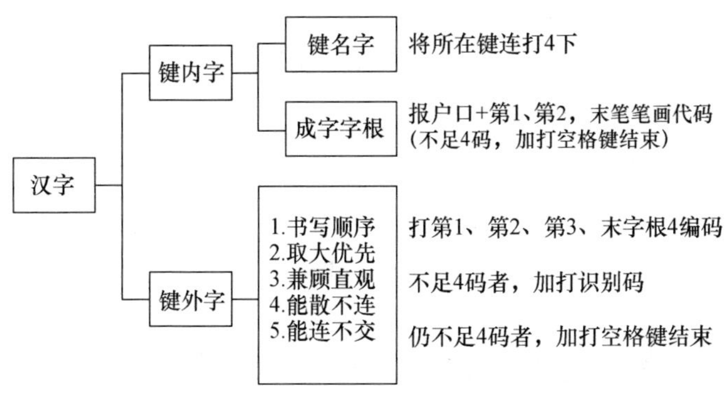

图 4-2　汉字编码流程图

下面的五笔字型单字编码歌诀可以帮助记忆五笔字型的编码方法：

五笔字型均直观，依照笔顺把码编；

键名汉字打四下，基本字根请照搬；

一二三末取四码，顺序拆分大优先；

不足四码要注意，交叉识别补后边。

模块 5　五笔字型简码、重码和容错码

一、简码

为了减少击键次数，提高输入速度，一些常用的汉字，除可以

按其全码输入外，还可以只取其前边的1~3码，再加空格键输入它。这就形成了汉字的简码。汉字的简码分一级简码、二级简码和三级简码。

1. 一级简码

一级简码也称为高频字码，将各键打一下，再打一下“空格”键，即可打出如下的25个最常用的汉字。

一（11 G） 地（12 F） 在（13 D） 要（14 S） 工（15 A）
上（21 H） 是（22 J） 中（23 K） 国（24 L） 同（25 M）
和（31 T） 的（32 R） 有（33 E） 人（34 W） 我（35 Q）
主（41 Y） 产（42 U） 不（43 I） 为（44 O） 这（45 P）
民（51 N） 了（52 B） 发（53 V） 以（54 C） 经（55 X）

这25个汉字就称为一级简码字，也称为高频字。

2. 二级简码

输入全码的前两个编码再加打空格键就可以输入汉字，这样的编码称为二级简码，这样的汉字称为二级简码字。

例：

	全码	简码
各	31T 23K 12F	31T 23K
得	31T 22J 11G 12F	31T 22J

二级简码字表见表4-8。

表4-8 二级简码字表

	G F D S A	H J K L M	T R E W Q	Y U I O P	N B V C X
G	五于天末开	下理事画现	玫珠表珍列	玉平不来	与屯妻到互
F	二寺城霜载	直进吉协南	才垢圾夫无	坟增示赤过	志地雪支
D	三夺大厅左	丰百右历面	帮原胡春克	太磁砂灰达	成顾肆友龙
S	本村枯林械	相查可楞机	格析极检构	术样档杰棕	杨李要权楷
A	七革基苛式	牙划或功贡	攻匠菜共区	芳燕东蒌芝	世节切芭药

续表

	GFDSA	HJKLM	TREWQ	YUIOP	NBVCX
H	睛睦睚盯虎	止旧占卤贞	睡睥肯具餐	眩瞳步眯瞎	卢　眼皮此
J	量时晨果虹	早昌蝇曙遇	昨蝗明蛤晚	景暗晃显晕	电最归紧昆
K	呈叶顺呆呀	中虽吕另员	呼听吸只史	嘛啼吵噗喧	叫啊哪吧哟
L	车轩因困轼	四辊加男轴	力斩胃办罗	罚较　辚边	思团轨轻累
M	同财央朵曲	由则迥崭册	几贩骨内风	凡赠峭赕迪	岂邮　凤
T	生行知条长	处得各务向	笔物秀答称	入科秒秋管	秘季委么第
R	后持拓打找	年提扣押抽	手折扔失换	扩拉朱搂近	所报扫反批
E	且肝胯采肛	胆肿肋肌	用遥朋脸胸	及胶膛　爱	甩服妥肥脂
W	全会估休代	个介保佃仙	作伯仍从你	信们偿伙	亿他分公化
Q	钱针然钉氏	外旬名甸负	儿铁角欠多	久匀乐炙锭	包凶争色
Y	主计庆订度	让刘训为高	放诉衣认义	方说就变这	记离良充率
U	闰半关亲并	站间部曾商	产瓣前闪交	六立冰普帝	决闻妆冯北
I	汪法尖洒江	小浊澡渐没	少泊肖兴光	注洋水淡学	沁池当汉涨
O	业灶类灯煤	粘烛炽烟灿	烽煌粗粉炮	米料炒炎迷	断籽娄烃糨
P	定守害宁宽	寂审宫军宙	客宾家空宛	社实宵灾之	官字安　它
N	怀导居怵民	收慢避惭届	必怕　愉懈	心习悄屡忧	忆敢恨怪尼
B	卫际承阿陈	耻阳职阵出	降孤阴队陷	防联孙耿辽	也子限取陛
V	姨寻姑杂毁	叟旭如舅妯	九　奶　婚	妨嫌录灵巡	刀好妇妈姆
C	骊对参骠戏	骒台劝观	矣牟能难允	驻骈　驼	马邓艰双
X	线结顷　红	引旨强细纲	张绵级给约	纺弱纱继综	纪弛绿经比

3. 三级简码

输入全码的前三个编码再加打空格键就可以输入汉字，这样的汉字编码称为三级简码，这样的汉字称为三级简码字。

例：

	全码	简码
简	31T 42U 22J 12F	31T 42U 22J
输	24L 34W 11G 22J	24L 34W 11G

有时，同一个汉字可能会有几种简码，例如，“经”字，就同时有一、二、三级简码及全码四种输入码：

一级简码	55X
二级简码	55X 54C
三级简码	55X 54C 15A
全码	55X 54C 15A 11G

二、重码

几个五笔字型编码完全相同的汉字称为重码字，这样的编码就称为重码。

当输入有重码字的汉字编码时，重码的字会同时出现在屏幕下方的提示行中，如所要的字在第1个位置上，则可以只管输入下文，该字会自动跳到光标所在的位置上；如果所要的字不在第1个位置上，则需按与重码前的数字代号相同的数字键来进行输入。在五笔字型中，重码是很少的，又加上重码在提示行中的位置是按其在汉语中出现频率由低到高排列的，常用字总是在前边，所以并不会影响实际输入速度。

三、容错码

容错码有两个含义：一是容易弄错的码；二是允许弄错的码。容易弄错的码允许按错的编码输入，这类编码称为容错码。容错码主要有以下两种类型。

1. 拆分容错

个别汉字的书写顺序因人而异，因而允许编码错误。

例如，“长”

正确码：丿 31T 七 15A 丶 41Y　43I 为识别码

容错码：七 15A 丿 31T 丶 41Y　43I 为识别码

2. 字型容错

个别汉字的字型分类不易确定，容易弄错，因而允许编码错误。

例如，“右”

正确码：13D 23K 12F（识别码，将“右”字视为上下型的汉字）

容错码：13D 23K 13D（溯 lJ 码，将“右”字视为杂合型的汉字）

在五笔字型中，输入容错码也可以得到所需的汉字。但并不是所有的汉字都有容错码，初学者还应力求掌握每一个汉字的正确编码方法。

四、助学键“Z”

五笔字型的 130 多个字根分布在 25 个英文字母键上，但“Z”键上没有被分配任何字根，这是因为“Z”键被用来作为助学键使用。正因为它上面没有任何字根，因此它可以代替任何一个编码出现在需要的地方，帮助初学者解决五笔字型编码中遇到的困难。

当对一个汉字进行编码时，如果四个码中的其中一个码不能确定，则可以用“Z”键来代替。这时汉字输入提示行中会出现一系列符合编码要求的汉字，可以从中挑选出需要的汉字。所以“Z”键就像是 DOS 中的通配符号“?”，“?”可以代替任何一个字符，“Z”可以代表五笔字型编码中的任意一个编码。因此，含有“Z”的编码就代表了一批编码，而不是具体的哪一个。要想选择需要的字，只要按一下该字前面的数字所对应的数字键即可。另外，当判断不出识别码时，也可以用“Z”键来代替。

模块6　五笔字型词语的录入

用五笔字型录入汉字可以一个字一个字地逐个录入，但这样录入速度终归是有限的。

五笔字型也像其他汉字输入法一样提供了词语的输入方法，而且这种方法简便易行，非常好掌握。因为词语的输入法与单字的输入法是统一的，不需要像从拼音输入法到五笔字型输入法那样进行切换，实现了单字和词语的混合录入，这样就可以随意地进行单字和词语的录入，给实际操作带来了极大的方便。另外，词语的编码方案也是以4码为标准，输入4码即可得到一个词语，并不比敲入单字需要更多的码数，因此，利用词语进行输入可以大大提高汉字录入速度，且不会给五笔字型的使用带来任何麻烦。

在汉语词汇中，组成词语的字数是不固定的，即有的词语是由两个字组成的，有的是由3个字组成的，而有的是由4个或4个以上的字组成的。如果从编码的细小差别来区分，可以将词语分类为二字词、三字词和多字词。但不管是哪一类词语，它们的编码有一个共同的特点：都是由4个编码组成的，而且必须是4码，不能多也不能少。

一、二字词的编码

二字词的编码方法是从组成词语的两个汉字中按顺序各取每个字的前两个字根，由每个字根代码所组成的编码，一共4码，作为二字词的编码。二字词的编码示例见表4-9。

表 4-9　二字词的编码示例

二字词	字根	编码
管理	⺮ 宀 王 日	TPGJ
知识	𠂉 大 讠 口	TDYK
操作	扌 口 亻 𠂉	RKWT

二、三字词的编码

三字词的编码方法是从组成词语的 3 个汉字中的前两个汉字中按顺序各取每个字的第 1 个字根，然后再取第 3 个字的前两个字根，由每个字根代码所组成的编码，一共 4 码作为三字词的编码。三字词的编码示例见表 4-10。

表 4-10　三字词的编码示例

三字词	字根	编码
计算机	讠 ⺮ 木 几	YTSM
解放军	𠂊 方 冖 车	QYPL
共产党	廾 立 ⺌ 冖	AUIP

三、多字词的编码

多字词是由 4 个或 4 个以上的汉字组成的词。它的编码方法是从组成词语的前 3 个汉字中按顺序各取每个汉字的第 1 个字根，然后取最末一个字的第 1 个字根，由每个字根代码所组成的编码，一共 4 码作为多字词的编码。多字词的编码示例见表 4-11。

表 4-11　多字词的编码示例

多字词	字根	编码
五笔字型	五 ⺮ 宀 一	GTPG
操作系统	扌 亻 一 纟	RWTX
中华人民共和国	口 亻 人 囗	KWWL

上面讲述了汉字词语的输入，这种词语输入方法大大提高了汉字录入速度，给操作带来了方便。但是有些进行专业文章录入的用户可能会有这样的体会：有时候在自己录入的专业文章中常常出现一些比较生僻的词语，在五笔字型的词库中没有这样的词语，只能按单字录入，就会感到影响录入速度。

由于使用的汉字系统不同，因而解决的方法也各异。可以利用汉字系统中的自造词组的功能来编制一些常用的五笔字型编码的词组。还可以与拼音输入法相结合来进行多种方法的汉字输入。

模块 7　拼音输入法简介

一、拼音输入法介绍

1. 拼音输入法

前面已经讲过了五笔字型输入法，它主要是根据汉字的结构形态进行逻辑编码从而输入到计算机里的一种形码输入法，拼音输入法则是根据汉字的发音来编码输入汉字。

拼音输入法按照汉字的读音输入汉字，不需要特殊记忆，只要会拼音就可以输入汉字。拼音输入法有许多种，它们虽然原理相同，但打字方法略有区别。常用的拼音输入法有微软拼音输入法和搜狗拼音输入法等。

拼音输入法也是有缺点的。例如，同音字很多，输入效率较低，并且对用户的发音准确度要求较高，对不认识的字难以处理。但拼音输入法容易上手，很适合普通计算机操作者使用。

2. 搜狗拼音输入法安装

搜狗拼音输入法是目前流行的中文拼音输入法之一，它可以自动采集大量用户的使用习惯，合理地将常用字词按使用频率进行排序。它还依托强大的搜狗搜索引擎，能及时对词库进行更新，最大限度地满足了人们输入中文的需要。

安装搜狗拼音输入法时，用户需要事先从网络上下载该输入法的安装程序，然后将其安装在计算机中，具体安装方法如下。

（1）双击已下载的搜狗拼音输入法安装文件，系统会弹出安装向导，单击“下一步”按钮，如图 4-3 所示。

图 4-3　搜狗输入法安装向导的用户协议

（2）已经默认选中了“已阅读并接受用户协议 & 隐私政策”复选框，可直接单击“立即安装”按钮。

（3）安装后，安装向导提示“安装完成”，如图 4-4 所示。接受默认设置后单击“立即体验”按钮。

图 4-4　搜狗输入法安装向导的安装完成

（4）接下来弹出“个性化设置向导”对话框中的“习惯”选项卡（见图 4-5），接受默认设置后单击“下一步”按钮。

图 4-5　“个性化设置向导”对话框的“习惯”选项卡

（5）弹出“个性化设置向导”对话框中的“搜索”选项卡（见图 4-6），接受默认设置后单击“下一步”按钮。

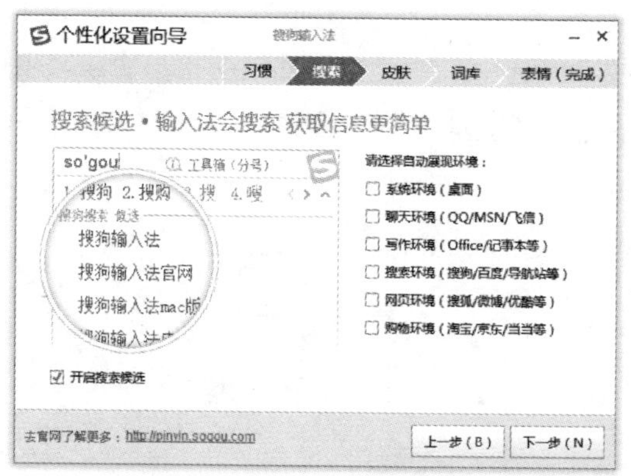

图 4-6　“个性化设置向导”对话框的“搜索”选项卡

（6）弹出“个性化设置向导”对话框中的“皮肤”选项卡（见图 4-7），接受默认设置后单击“下一步”按钮。

图 4-7　“个性化设置向导”对话框的“皮肤”选项卡

（7）弹出“个性化设置向导”对话框中的“词库”选项卡（见图 4-8），接受默认设置后单击“下一步”按钮。

（8）弹出“个性化设置向导”对话框中的“表情”选项卡（见

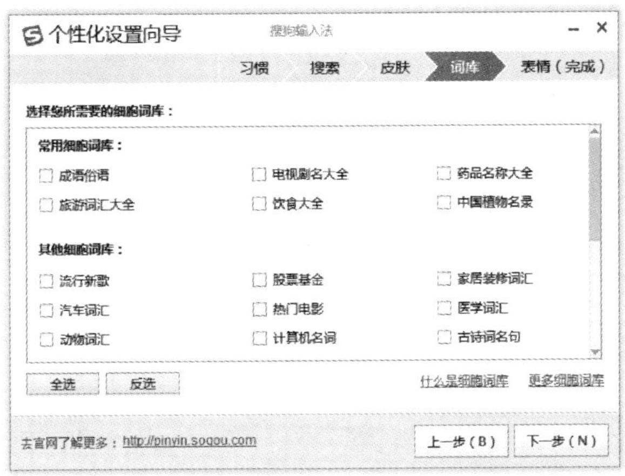

图 4-8　“个性化设置向导”对话框的“词库”选项卡

图 4-9）提示个性化设置完成，接受默认设置后单击“完成”按钮即完成搜狗输入法的个性化设置。之后就可以开始使用搜狗拼音输入法了。

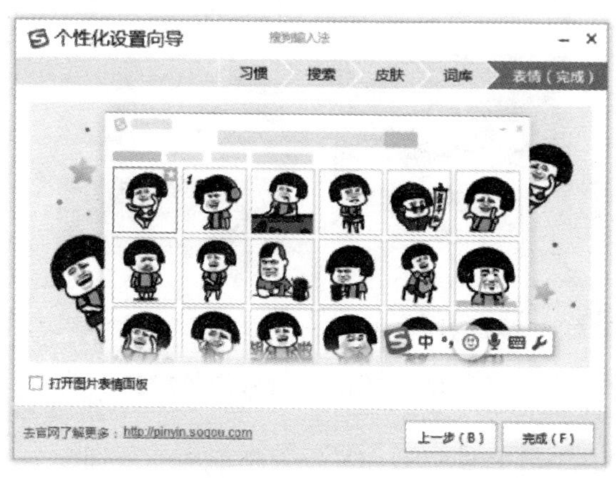

图 4-9 “个性化设置向导”对话框的“表情”选项卡

3. 删除输入法

不同的用户会用到不同的输入法，通常可以将不用的输入法从输入法列表中删除，以方便切换输入法和节省存储资源。删除输入法的操作方法如下。

右击任务栏中的语言栏，在弹出的快捷菜单中单击“设置”命令，打开“文本服务和输入语言”对话框，在该对话框中选择“常规”选项卡，在“已安装的服务”列表框中选择要删除的输入法，然后单击“删除”按钮，单击“确定”按钮，即可删除选择的输入法，如图 4-10 所示。

通过此种方法删除的输入法仍存在于系统中，用户随时可通过添加的方式恢复，对于一些额外安装的第三方输入法，只能通过其自带的卸载程序进行卸载，才会彻底从系统中清除。

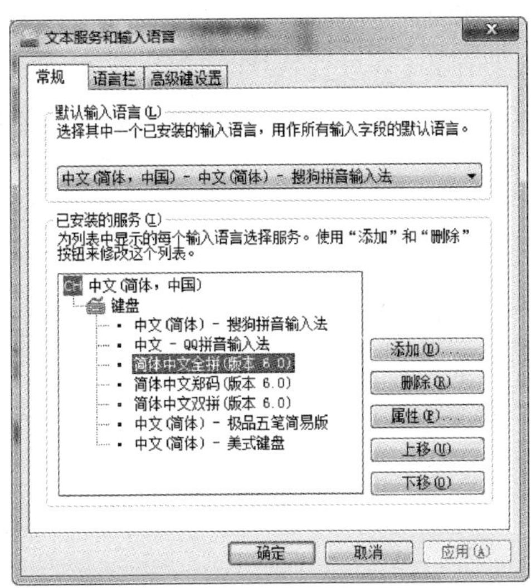

图 4-10　“文本服务和输入语言”对话框

二、拼音输入法的使用

只要有一定的拼音基础，便可以学习使用拼音输入法。由于拼音中的字母基本上可以和键盘上的字母按键一一对应，使用非常简单。这里以搜狗拼音输入法为例介绍，其他拼音输入法的使用方法基本与其类似。

1. 输入法切换方法

在 Windows 7 操作系统中，用户可以使用系统默认快捷键“Ctrl+‘空格’键”在中文输入法和英文输入法之间进行切换，使用“Ctrl+Shift”组合键来切换不同的输入法。另外，选择中文输入法也可以通过鼠标单击任务栏右侧语言栏上的“输入法”图标，在弹出的输入法快捷菜单中选择需要使用的输入法。

2. 输入单个汉字

使用搜狗拼音输入法输入单个汉字的方法很简单，只需根据汉字的拼音依次在键盘上输入相应的字母（输入过程中会显示相应的汉字），输入后使用数字键进行选择即可。

例如，要输入“他”字，键入拼音“ta”，在候选框中可以看到“他”字的编号为“1”，此时按下空格键即可输入“他”字，如图4-11所示。

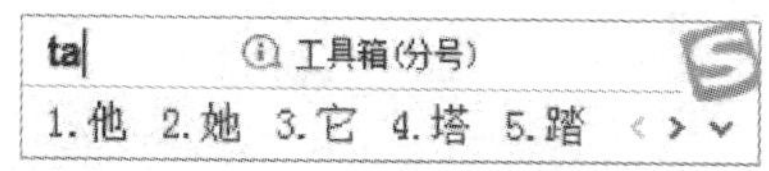

图4-11 搜狗拼音候选框（单个汉字1）

键入拼音后，如果候选框中没有需要的汉字，此时可通过以下两种方式进行翻页选择。

（1）在候选框中单击“上一页”按钮<可向上翻页，单击“下一页”按钮>可向下翻页。注：在第一项时候选框无“上一页”按钮<，在最后一页时无“下一页”按钮>。

（2）按下“Page Up”键可向上翻页，按下“Page Down”键可向下翻页。

由于键盘上没有字母键“ü”，因此，当要输入拼音“ü”时，可键入字母“V”来代替。例如，要输入“许”字，键入“XV”即可，如图4-12所示。

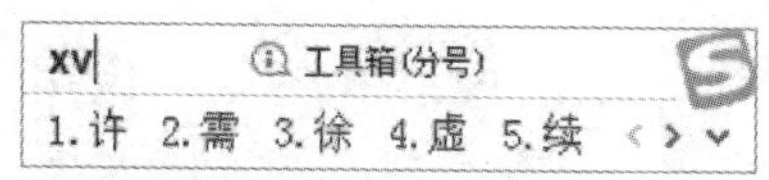

图4-12 搜狗拼音候选框（单个汉字2）

3. 输入词组

搜狗拼音输入法支持全拼、简拼和混拼三种输入方式，输入特殊字符、模糊音输入和拆分输入等，大大提高了用户输入汉字的速度。

（1）全拼输入。按顺序依次键入词组的完整拼音即可。例如，要输入词组“北京”，键入拼音“beijing”，在候选框中可看到“北京”的编号为“1”，此时按下数字键“1”或按下“空格”键即可，如图 4-13a 所示。

（2）简拼输入。通过输入声母或声母的首字母来进行输入的一种方式，有效地利用它可大大提高输入效率。例如，要输入“北京”，全拼为“beijing”，而简拼则只需输入“bj”，汉字候选框中即出现所需汉字，如图 4-13b 所示。

（3）混拼输入。根据字、词的使用频率，将全拼输入和简拼输入进行混合使用。在输入时，部分字用全拼输入，部分字用简拼输入，从而减少击键次数和重码率，并提高输入速度。例如，输入词组“北京”，可键入“bjing”也可以键入“beij”，如图 4-13c、d所示。

图 4-13　搜狗拼音候选框—全拼、简拼、混拼

a）全拼输入　b）简拼输入　c）、d）混拼输入

习题

1. 全码输入汉字

（1）按五笔字型输入汉字的编码规则输入以下单字。

人为门地个用工时动以分会作来生对学级一义就年阶成部民可出能方进行面说度多种自命而后革过谈加社小机经济力电线钱本高得现理急水深化着实家定幂所政量重二三四起好十干占元农使

性反等体合斗路图把结团第粑使前正新开物特论之当两从些还天队应变育思想事如样向点其制资批形皆心都关与间内去因件利日由仄气业代员数变全果组助导基文马条领位器皿源立指质习放运流孔克但次认识涌较公军接情况并任持你仇洒必热烈政象友报主调光什安静东南北光观百保守手处修志么被科技给供服务联结集豪缘温暖

（2）输入下列加识别码汉字。

翟皑艾岸敖扒笆把坝柏败拌剥卑钡狈叉备卡铂仓草厕贫扯撕毁尘程驰尺斥钒犯坊肪仿访飞吠奋忿粪封拂伏父讣改甘杆竿赶秆冈杠皋告恭汞勾钩苟钾笺肩奸茧贱见涧饯秸动戒诫巾今筋仅京惊井炯酒巨句眷卷抉诀钧君卡苗庙灭闽牡亩拈尿捏聂牛农弄疟呕判刨匹票近粕扑朴栖奇乞泣讫扦午千升圣什矢屎仕市谁私宋诵岁她坍口叹讨套誊贴汀廷童头秃徒吐推吞驮享泄芯锌刑杏兄沤朽穴血驯丫岩阎厌壮状谆卓啄孜仔自走足易混平半夹与书片专义毛才太了来世身事长垂重曲面州为发严承永离禹凹凸未元声去云奋页故有矿泵厄苦苗蕊里旱足固回连自利疗油灶异改尺飞孔孟召隶奴幼乡纹吾盏歹玛圭卉址刊昔茧匣芹艾贾枚极杰札本甘戎晒冒申蛊旷蚊曳吐咕叮叭兄唁叹邑囚轧冉孕舀钍仁付伏佬仆佣父仔仓仇鱼句铀铂勿钥久锌庄下兆洱粕宋冗穴宰刁丑眉忻翌尿忌耶尹刃丸圣驯叉予驰驭毋刑琼赶坤霍动奎砧厕酥配票框椎巧蕾芜葫芦荤虏虾明晾蛹吁抉拂腮债佳会倡促忏仰佯岔昏钟钒锈钬卯犯钓饵旅湘泄涅溅尚洗雀渔涧漏烂礼怯惜悼惶翟惊忙买屑坠聂君妒忍绣

（3）输入下列常用单字。

的一是在了不和有大这主中人上为们地个用工时要动国产以我到他会作来分生对于学下级就年阶义发成部民可出能方进同行面说种过命度革而多子后自社加小机也经力线本电高量长党得实家定深法表着水理化急现所二起政三好十战无农使性前等反体合斗路图把

结第里正新开论之物从当两些还天资事队批如应形想制心样干都向变关点育重其思与间内去因件日利相由压员气业代全组数果期导平各基或月毛然问比展那他最及外没看治提五解系林者米群头意只明四道马认次文通但条较克又公认领军流入接席位情运器并飞原油放立题质指建区验活众很教决特此常石强极土少已根共直团统式转别造切九你取西持总料连任志观调七么山程百报更见必真保热委手改管处已将修支识病象几先老光专会六型具示复安带每东增则完风回南广劳轮科经打积车计给节做务被整联步类集号列温装即毫知轴研单色坚据速防史拉世设达尔场织历花受求传口断况采精金界试规斯近注办布门铁需走议县兵固除般引齿千胜细影济白格效置推空配士身紧液派准斤角降维板许破述技消底床田热端感往神便贺村构照容非候草何树肥继右属市严径螺检左页抗苏显苦英快称坏移约巴材省黑武培短划剂宣环落首尺波承粉践府

2. 简码、词组的输入

（1）下列汉字都是简码字，有些是一级简码，有些是二级简码，有些是三级简码，将这些汉字按照它们的简码输入计算机中。

1）一级简码字。

一地在有人我

2）二级简码字。

明参时籽学胸处理管站曾卫六冰普

3）三级简码字。

要工上是中国同和的主产不为这民了发以经缟辑音简码替算刍合体易将库着看其带便准者仿任何需输识组球渡容混布绝况标位语视和序设超技数系自软件

（2）词组及文章的输入

1）下面是一些汉语词组，将它们按照词组的编码方法编码，然后输入到计算机中。

计算 程序 技术 经济 安全 汉字 北京 电脑 物理 化学 数学 南京 上海 教授 科学 力量 记录 方向 操作 处理 管理 系统

计算机 打印机 操作员 解放军 生产率 共青团 工程师 西安市 电视机 四川省 莫斯科 年轻人 实际上 天安门 现代化 运动员 自动化 组织部 中小学 现阶段 联合国 共和国 国务院 马克思

程序设计 科学技术 五笔字型 知识分子 精兵简政 数据处理 社会科学 少先队员 人民政府 振兴中华 莫名其妙 叶公好龙

中国共产党 全国人民代表大会 军事委员会 中国人民解放军 中华人民共和国 广西壮族自治区

2）将下面这段文字输入计算机中，注意能用词组编码输入的地方不要将其拆成单个的汉字输入，单个的字可以用简码输入的就用简码输入。

班规与班级管理

“无规矩不成方圆”，班规是班级纪律的规定，是班主任管理班级的依据和保证。良好的班风带给每位学生正能量，也促使学生越来越严格要求自己。班主任应在新生入学一段时间后，根据学生平常表现制定出适合本班情况的班规。同时，班规不是通用的一篇条例，应根据各班的情况分别制定，若学校制度和要求改变，或学生情况整体变化，班规也应做相应的调整。

在班规执行的过程中需要班委分工管理，班主任为每位班委分配明确的职责范围和管理任务，班级责任分配后，由各责任班委监督管理和实施。班委要按时、随时汇报班级情况，并利用手中权力进行管理和奖罚。

在班规执行的过程中，会出现个别学生不愿按规定执行，或与班委、班主任谈条件，要求逃过惩罚或降低惩罚力度，针对这样的学生，班主任应亲自解决问题和矛盾，对学生阐明一视同仁的道理。班规一旦制定，就必须严格遵守。此外，在执行班规的过程中，不仅有处罚，也应有奖励，对表现好、进步明显的学生公开表扬，给予奖励。有赏有罚，才能整体有效地推进班级的管理和监控。

作为班主任，首先要从两方面了解学生的心理，一方面是当前学生年龄段的心理特征、男生女生的心理特征、技工院校学生的心理特征；另一方面是班级每个同学的心理状况和家庭状况。在了解的基础上加以管理，针对不同性格的学生，使用不同的管理方式。例如，对敏感自卑的学生多表扬，尤其是在公开场合进行表扬，帮助学生树立自信心；对平日叛逆性强、行为表现不良的学生，先私下找其谈心，从学生角度出发，分析出现行为问题的原因，帮助其一同解决。

在班规范围之外，班主任应从学生的立场多理解、倾听他们的诉求和烦恼，容纳不同的观点，帮助学生解决心理或行为问题。班主任应通过共情的方式，理解学生的心情，认真聆听他们的烦恼，使学生通过诉说尽情发泄不良情绪，然后再逐步引导学生正确、积极、主动地解决问题。“疏而不堵”是班主任处理学生问题的一个技巧。

班级学生来自不同的地方、不同的家庭，在入校之初需要有一个相互适应、融合的阶段，班主任需反复强调团体观念，让学生意识到他们是班级的一员，其言行关系到班级的名誉，不应因为个别学生的错误影响其他学生为班级做出努力而带来的荣誉。同时，班主任要肯定每一位学生对班级所做的贡献和努力，及时表扬，使学生清晰地认识到自己对班级的付出。另外，精心设计主题班会、开展集体活动，也是一种增强集体观念的手段。

3. 使用拼音输入法输入下列文章

发言稿

各位老师，大家好：

岁月不居，时节如流，今天下午我们在这里举行表彰大会，向获奖教师及辅导团队表示热烈的祝贺和衷心的问候！优异的成绩展现了我院青年教师的个人素质和教师队伍的整体形象！

天道酬勤，春华秋实。有了春夏的耕耘与汗水，才有了金秋的收获和喜悦。各位参赛教师从备战开始，放弃周末，一遍遍修改参赛内容，力求精益求精。学校高度重视并给予参赛教师最大力度的支持，学院领导带领有关人员多次召开动员会、辅导会，针对不同专业组成辅导专家团队，给予参赛教师最专业的建议和最有力的帮助。正是这些一丝不苟、拼尽全力、忘记自我的付出，凝聚成了我们最终的成绩，展现了我院教师精益求精、奋力拼搏的工匠精神！

百年大计，教育为本；教育大计，教师为本。教师是立校之本，是强校之基。没有一流的师资队伍，就没有一流的办学水平。本次大赛我院参赛教师成绩优异，是教师和辅导团队的努力，也得益于我院对教师教学的重视和对青年教师的培养。

教师是立教之本，兴教之源。希望全体教师做到以下四点：

第一，要育人为本，立德树人。育人是教师教书育人的根本任务和目的，因此，教师必须坚持育人为本，立德树人。教师教给学生做人的道理，启迪学生的智慧，传授给学生知识本领。一个优秀的教师必须有丰厚的文化底蕴、高超的教育智慧、合理的课程视野，以及远大的职业境界。教师必须遵循教育规律，严格要求自己并注重素质教育，注重学思结合，因材施教。这不仅是促进学生全面发展的根本，也是教师职业道德的根本。

第二，要拼搏进取，勇于探索。在当今社会，终身学习已成为每一位教师无法回避的职业选择，只有不断学习、进步才能够成长为一名合格的新时代教师。“根之茂者其实遂，膏之沃者其光晔”，机遇眷顾那些有准备的人，脚踏实地、拼搏进取，才能不断成就自我！希望每位教师特别是年轻教师以成功不一定在我，但努力一定有我的信念，苦练教学基本功，积极参与学院教学改革，做教学改革的实践者、开拓者。

第三，要团队合作，取长补短。当下，面对教育改革的浪潮，每位教师都承受着空前的挑战和压力，这就特别需要教师间的团队合作，彼此支持、相互切磋、共同成长。“水尝无华，相荡乃成涟漪；石本无火，相击而发灵光”。灵感来自思维的碰撞，多彩来自个性的差异。作为年轻教师，更要紧跟时代发展，像石榴籽一样紧密融入教师团队，虚心向老教师学习，协力合作，取长补短，共享资源，新的学年再次谱写学院美丽的华章！

第四，要精益求精，教书育人。作为教书育人的教师，言传身教，影响着社会的下一代，只有让优秀成为一种习惯，才能学高为师，身正为范。希望各位教师处处严格要求自己，精益求精，不断挑战自己，突破自己，展现个人价值和魅力，实现匠心筑梦、技能报国的职业理想，成为学生的榜样！

教育是崇高的事业，需要我们去献身；教育是严谨的科学，需要我们去探究；教育是多彩的艺术，需要我们去创新；教育是系统的工程，需要我们共同参与。我们虽然在此次比赛中取得了一些成绩，但成绩只能代表过去。希望全校教师以本次表彰的教师为榜样，今后更加努力工作、热爱教育、关爱学生，做一个和气的人、一个严谨的人、一个值得尊敬的人、一个堪为师范的人，要更加坚定理想信念、明确目标任务、苦练教学基本技能，提升业务素养，坚持改革创新，继续奋斗成长，做新时代的追梦人，在教书育人的舞台上放光发热！为发展教育事业贡献力量！

谢谢大家！

第5单元
Word 2010文字处理软件基本应用

模块1　使用Word 2010制作文档

Word 2010是Office 2010中的一个重要组成部分，在保留Word以往版本功能的基础上，新增和改进了许多功能，使得Word 2010更易于为初学者掌握和使用。

Word 2010主要用于日常办公、文档处理等，如用于制作求职简历、公司会议邀请函等。使用Word 2010可以令使用者比以往更轻松、快捷地创建出所需要的文档。

一、新建文档

每次进入Word 2010时，系统都会提示用户是否新建一个空白文档，用户可以选择新建文档的类型，系统将给用户分配一个名称为“文档1”的新建文档。用户也可以根据需要再新建多个不同类型的文档。

1. 新建空白文档

Word把新文档的创建视为默认操作，用户启动Word 2010程序后，系统会自动创建一个名为“文档1”的空白文档。

在已经启动了Word 2010的情况下，还可以用以下几种方法来创建新文档：

（1）利用“新建”命令创建新文档。单击 Word 2010 左上角的“文件”选项卡，单击“新建”命令，在弹出的“可用模板”区域中单击“空白文档”图标，如图 5-1 所示，单击“创建”按钮，即可创建一个空白文档。

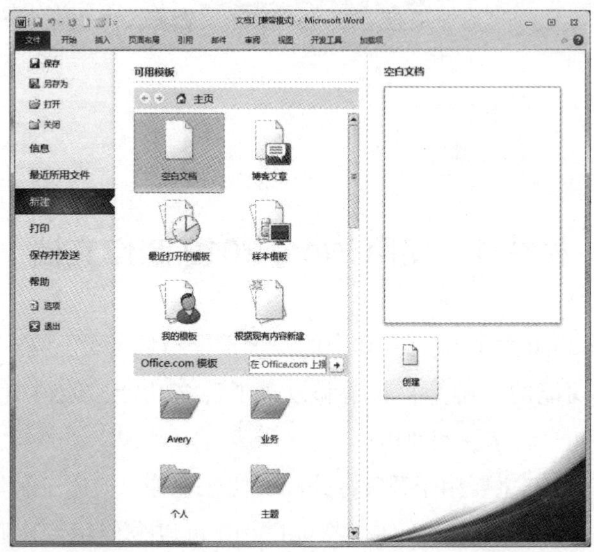

图 5-1　利用“新建”命令创建新文档

（2）使用“新建文档”按钮创建新文档。直接单击“快速访问”工具栏中的“新建”按钮，Word 2010 将立即为用户创建一个空白文档。

（3）使用快捷键创建新文档。按下“Ctrl+N”快捷键，可快速创建一个空白文档。

2. 新建基于模板的文档

任何 Word 文档都是以模板为基础进行创建的，模板决定了文档的基本结构和设置的样式。模板是包含有段落结构、字体样式和页面布局等元素的样式总表。新建基于模板的文档的操作方法如下：

单击 Word 2010 左上角的“文件”选项卡，单击“新建”命令，在弹出的“可用模板”区域中单击“样本模板”图标，打开已有模板，即可创建基于模板的文档。或者单击“我的模板”图标，弹出一个“新建”对话框，其中包含了用户曾经创建过的模板，如图 5-2 所示。在“新建”对话框的“个人模板”选项卡中单击“空白文档”模板，单击“确定”按钮即可。

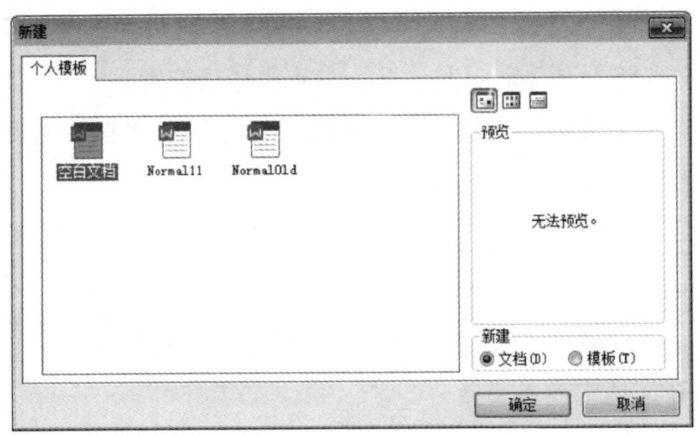

图 5-2　“新建”对话框

二、输入文档内容

输入文档内容是 Word 的一项最基本操作。文档内容不但包括文字，还会包括字母、数字、特殊字符、日期和时间等。在处理文档内容之前，必须首先将其输入 Word 之中。

1. 输入文本

打开 Word 2010 文档，在文档的开始位置有一个闪烁的光标，这个光标称为“插入点”，用户已输入的文字都会在插入点的左侧出现。在文本输入的过程中，Word 具有自动换行的功能，即当输入到行尾的时候，不需要按“Enter”键，文字会自动移到下一行。当输入到段落结尾的时候，才需要按“Enter”键，即该段落结束。

当用户确定了输入点的位置后，就可以进行文本输入了。根据输入的内容，选择中文或英文输入方式，再选择自己熟悉的输入法，就可以开始文本的输入了。

在 Word 2010 中，文本的输入操作通常包括以下几个方面：

（1）按“Enter”键，结束本段落，系统自动在插入点的下一行重新创建一个新的段落。

（2）使用键盘上的“↑、↓、←、→”箭头，即光标移动键，可以使文本插入点分别向上、下、左、右移动位置。

（3）移动鼠标，将光标移动到期望位置后单击鼠标左键，插入点也随之移动到光标所在的位置。

（4）按“空格”键，将在插入点的左侧插入一个空格字符。

（5）按“退格”键“Backspace”，将删除插入点左侧的一个字符。

（6）按“删除”键“Delete”，将删除插入点右侧的一个字符。

2. 在文档中插入符号

在向文档输入文本的过程中，不仅需要输入中文、英文字符，还经常会输入一些特殊符号，如※、μ、Σ、℃、‰等。这些符号在 Word 2010 中可用以下步骤进行操作：

（1）将插入点定位在需要插入特殊符号的位置。

（2）选择“插入”选项卡，再单击“符号”组中的“符号”按钮，在弹出的“符号”下拉列表中，单击“其他符号”命令，在弹出的“符号”对话框中，单击“子集”下拉列表框，选择“子集”类型，如图 5-3 所示。

（3）在“子集”列表框中选择需要的符号后，单击“插入”按钮。

（4）最后单击“关闭”按钮，返回到文档编辑中，就可以看到符号已经出现在插入点的左侧。

3. 在文档中插入日期和时间

在 Word 2010 中，用户可以在正在编辑的文档中插入固定日期或时间，也可以插入当前日期和时间，并可以设置日期或时间的显

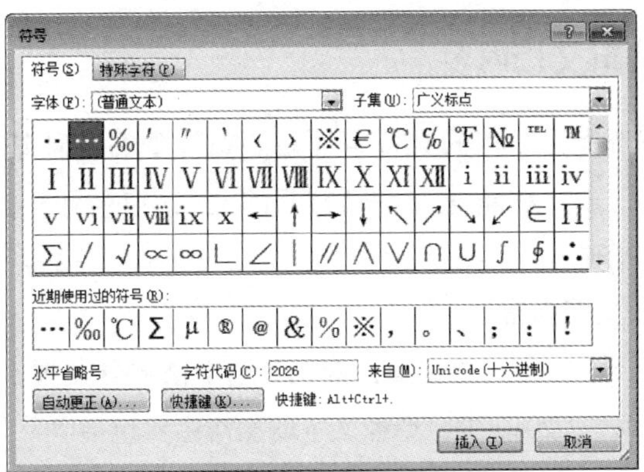

图 5-3　“符号”对话框

示格式，以及对插入的日期或时间进行更新。其操作步骤如下：

（1）将插入点定位在要插入日期或时间的位置。

（2）选择功能区的“插入”选项卡，再单击“文本”组中的“日期和时间”按钮，弹出“日期和时间”对话框，如图 5-4 所示。

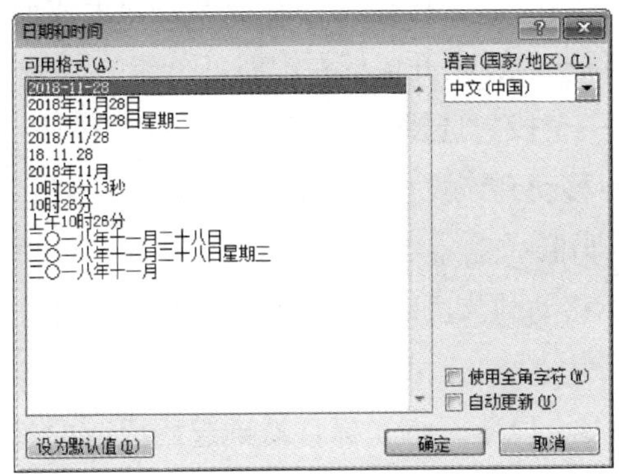

图 5-4　“日期和时间”对话框

（3）在该对话框的“可用格式”列表框中选择一种格式。如果希望文本中的日期时间自动更新，可选中“自动更新”复选框，然后单击“确定”按钮。

三、编辑文档内容

制作一份优秀文档的必备条件是要熟练掌握各种基本的编辑操作。用户经常需要在新建或者已打开的文档中对不同文本进行各种格式的编辑操作。

1. 选择文档内容

针对需要设置格式的文本，首先要选中该部分文本，才能进行相应操作。在 Word 2010 中，选择文本的操作主要包括以下几种情况：

（1）选择指定内容。将光标移动至需要选择的文本开始位置，按住鼠标左键，拖动光标至需要选择的最后一个文本或符号，松开鼠标左键。此时被选择的文本所在区域变为蓝色背景。

（2）选择一行文字。将光标移动到该行的最左边，当光标变成箭头后，单击鼠标左键即可。

（3）连续选择多行文本。将光标移动到要选择的文本首行最左边，当指针变成箭头后，按住鼠标左键然后向上或向下拖动，光标移动到需要的位置后，松开鼠标左键即可。

（4）选择一个段。选择一个段落可使用以下两种方法。

1）将光标移动到该段任意一行的最左端，当指针变成箭头后，双击鼠标左键即可。

2）将光标移动到该段的任意位置，连续快速单击三次鼠标左键即可。

（5）选中多个段落。将光标移动到起始段落的最左端，当指针变成箭头后，按住鼠标左键，向上或向下拖动鼠标，箭头移动到结束段落的最左端后，放开鼠标左键即可。

（6）选中一个矩形文本区域。将光标的插入点置于预选文本的一角，然后在按下“Alt”键的同时，按住鼠标左键，拖动光标到文本块的对角处，即可以选定该矩形区域文本。

(7) 选择整篇文档。选择整篇文档有以下三种方法。

1) 选择功能区的“开始”选项卡，单击“编辑”组中的“选择”按钮右侧的下拉按钮，在弹出的下拉列表中单击“全选”命令。

2) 使用“Ctrl+A”组合键。

3) 将光标移动到文档任意一行的左侧，当指针变成箭头后，连续快速单击三次鼠标左键。

2. 移动或复制文档内容

在编辑文本的时候，经常需要将文档的一部分内容移动或复制到另一处。

(1) 复制。复制文档内容的操作包括复制和粘贴，其操作方法有以下两种：

1) 选中要复制的文本，单击鼠标右键，在弹出的快捷菜单中单击“复制”命令，再将光标移动到要复制的位置，单击鼠标右键，在弹出的快捷菜单中单击“粘贴”命令。

2) 选中要复制的文本，按下组合键“Ctrl+C”实现复制，然后将光标移动到要复制的位置，再按下组合键“Ctrl+V”即可实现粘贴。

(2) 移动。移动文档内容的操作包括剪切和粘贴，其操作方法有以下两种：

1) 选中要移动的文本，单击鼠标右键，在弹出的快捷菜单中单击“剪切”命令，再将光标移动到要移动的位置，单击鼠标右键，在弹出的快捷菜单中单击“粘贴”命令。

2) 选中要移动的文本，按下组合键“Ctrl+X”实现剪切，然后将光标移动到要移动的位置，按下组合键“Ctrl+V”即可实现粘贴，完成移动的全过程。

3. 查找和替换文档内容

在大篇幅的文档中人工查找某些词语或句子，工作量无疑是非常大的，既费时费力，又容易出错。Word 2010 提供了查找与替换的功能，使用户可以轻松、快捷地完成文本的查找与替换。

（1）查找。查找就是在文档中搜索相关的内容，其操作方法有以下两种。

1）方法一。其操作步骤如下：

①单击功能区的“开始”选项卡，单击“编辑”组中的“查找”按钮，页面的左侧弹出“导航”对话框，如图 5-5 所示。“导航”的搜索结果栏包括“标题搜索”“页面搜索”和“结果搜索”3 个选项卡，可以满足用户查找时的不同需求。

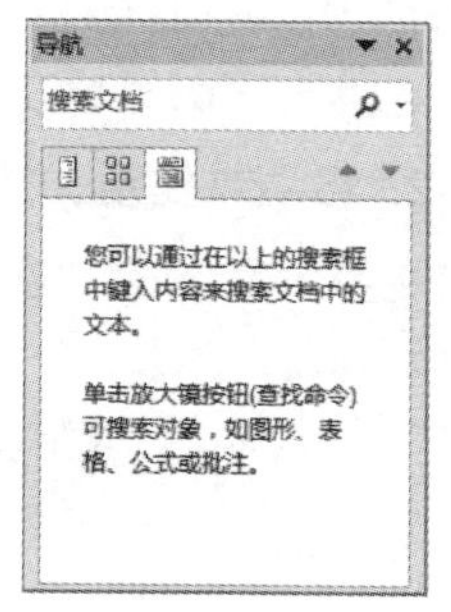

图 5-5 “导航”对话框

②在“导航”对话框的搜索文本框中输入要查找的内容，当前文本中所有的查找内容便会立刻以黄色突出显示出来，同时出现在“导航”下方的搜索结果栏中，如图 5-6 所示。

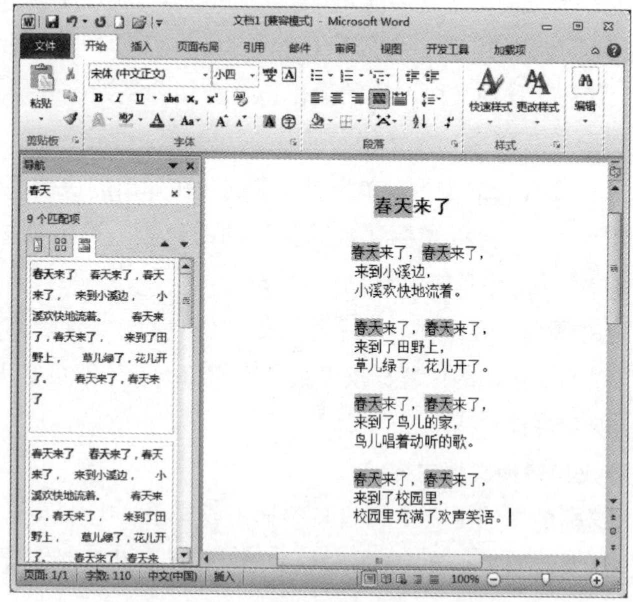

图 5-6 “导航”对话框搜索内容效果

2）方法二。其操作步骤如下：

①选择功能区的“开始”选项卡，在“编辑”组中单击“查找”按钮右侧的下拉按钮，在弹出的下拉列表中单击“高级查找”命令，弹出“查找和替换”对话框，选择“查找”选项卡，如图 5-7 所示。

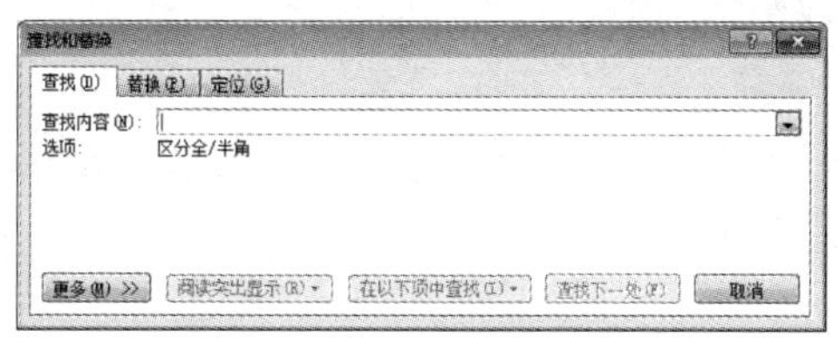

图 5-7 “查找和替换”对话框的“查找”选项卡

②在“查找内容”文本框中输入要查找的内容，单击“查找下一处”按钮，光标即刻定位在文档中第一个要查找的目标处，继续单击“查找下一处”按钮，可以依次查找出文档中对应的内容。

（2）替换。替换即是将查找到的文本更改为指定的其他文本，具体操作步骤如下：

1）将插入点设置在文档的起始位置，选择功能区的“开始”选项卡，单击“编辑”组中的“替换”按钮，弹出“查找和替换”对话框，选择“替换”选项卡，如图 5-8 所示。

2）在“查找内容”文本框中输入要查找的内容。

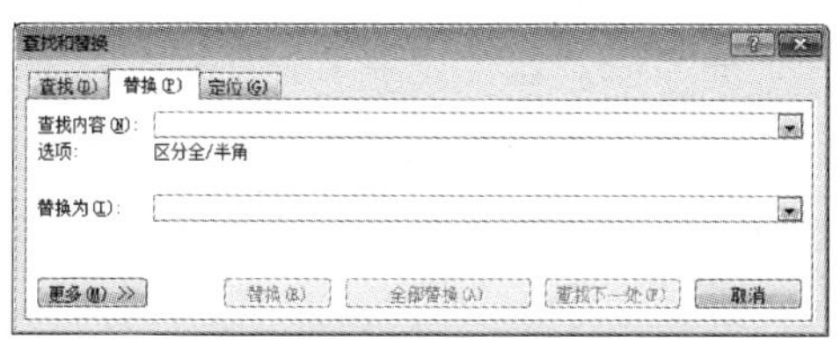

图 5-8 “查找和替换”对话框的“替换”选项卡

3）在“替换为”文本框中输入要替换的内容。

4）单击“查找下一处”按钮，系统将从插入点所在的位置往后查找，并将当前查找到的内容显示为黄色背景。

5）单击“替换”按钮，即可替换当前查找到的内容。如果单击“全部替换”按钮，则可替换当前文档中所有查找到的内容，并在替换完毕后弹出提示框，显示一共替换了几处。

4. 撤销与恢复

Word 2010 可以自动记录用户的每一步操作，提供了快速撤销与恢复操作的按钮，在需要的时候，可以撤销当前的操作，恢复成之前的内容。

（1）撤销。Word 2010 会随时记录用户工作中的操作细节，细致到上一个字符的录入、上一次格式的修改等。因此，当出现误操作时，可执行撤销操作，恢复到上一步的状态。撤销的具体操作方法如下：

在文档左上角找到“快速访问”工具栏上的“撤销”按钮，单击右侧的下拉按钮，则列出可以撤销的所有操作。

如果只需要撤销最后一步的操作，直接单击“快速访问”工具栏上的“撤销”按钮即可，也可使用快捷键“Ctrl+Z”撤销最后一步操作。

（2）恢复。恢复就是把撤销的操作再恢复回来。执行完撤销操作后，“撤销”按钮右边的“恢复”按钮将变为可用，表明已经进行过撤销操作。如果用户想再度恢复撤销操作之前的内容，可以执行恢复操作。恢复的具体操作方法如下：

单击“快速访问”工具栏上的“恢复”按钮，恢复到所需要的操作状态。在“恢复”按钮可用的情况下，该方法可以恢复一步或多步操作，如单击一次该按钮，则恢复一步操作；如想恢复几步操作，则单击该按钮几次。也可使用快捷键“Ctrl+Y”进行恢复操作。

模块 2　办公文档的格式设置

Word 2010 的一个重要功能就是制作精美、专业的文档，它具有多种灵活的修改、编辑文档格式的方法，使文档更加美观。

一、设置文本格式

为了使文本美观大方，仅有文本内容是不够的，还需要对文档进行更多的编辑，如以不同的字体、字号区分各级标题等。

以编辑《静夜思》文档为例，设置文档的格式。编辑结果如图 5-9所示。

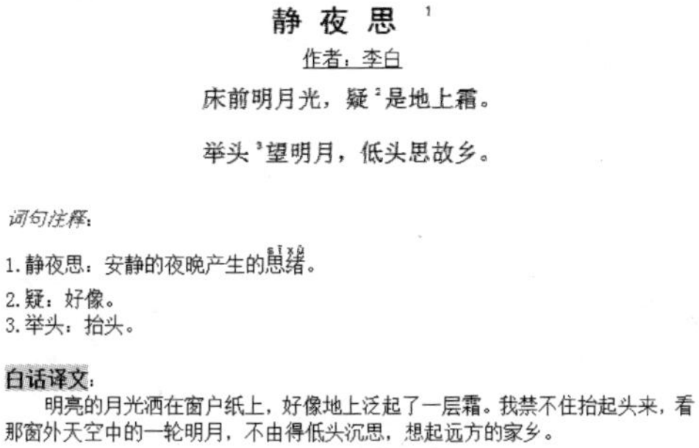

静 夜 思 [1]

作者：李白

床前明月光，疑[2]是地上霜。

举头[3]望明月，低头思故乡。

词句注释：

1. 静夜思：安静的夜晚产生的思绪。
2. 疑：好像。
3. 举头：抬头。

白话译文：

明亮的月光洒在窗户纸上，好像地上泛起了一层霜。我禁不住抬起头来，看那窗外天空中的一轮明月，不由得低头沉思，想起远方的家乡。

图 5-9　《静夜思》文档

1. 设置文本格式的方法

设置文字的格式在文字处理中经常用到，其目的是通过建立全面可视的样式，增加易读性，使文档更加美观，条理更加清晰。

Word 2010 设置文字格式的方法包括以下几种：

（1）通过功能区的“开始”选项卡的“字体”组进行文字格式编辑，如图 5-10 所示。“字体”组可对文字的字体、字号、加粗、倾斜、上标、下标、下划线、删除线、颜色、背景色、清除格式、添加拼音、带圈字符等进行设置。

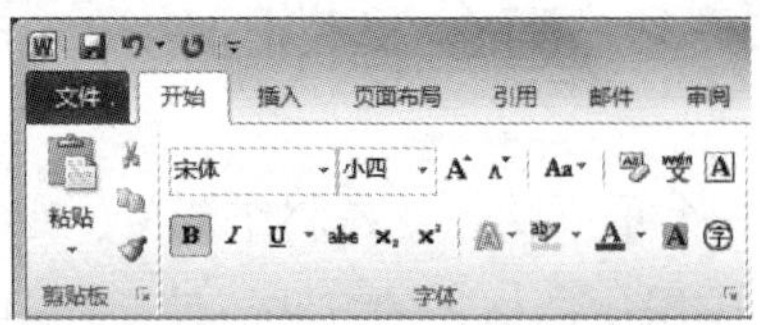

图 5-10 “开始”选项卡的“字体”组

（2）通过单击“字体”组右下方的按钮，在弹出的“字体”对话框中进行文字格式的设置，如图 5-11 所示。“字体”对话框可对文字的字体、字号、加粗、倾斜、上标、下标、下划线、着重号、删除线、颜色、字符间距等属性进行设置。

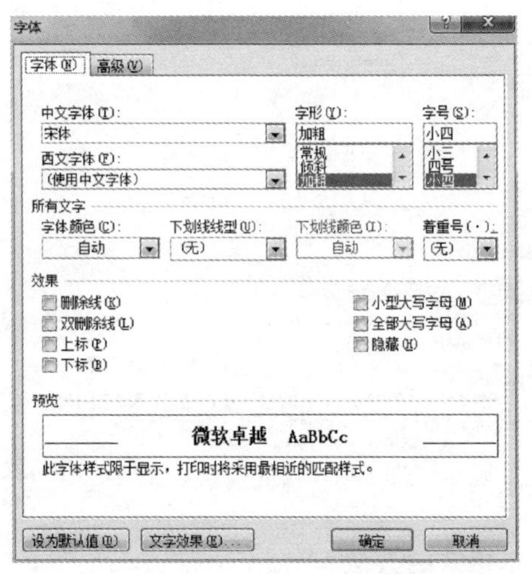

图 5-11 “字体”对话框

“字体”组和“字体”对话框包含的编辑内容大部分有重叠，但不完全一致。

2. 设置文本的基本格式

对如图 5-12 所示内容进行编辑。

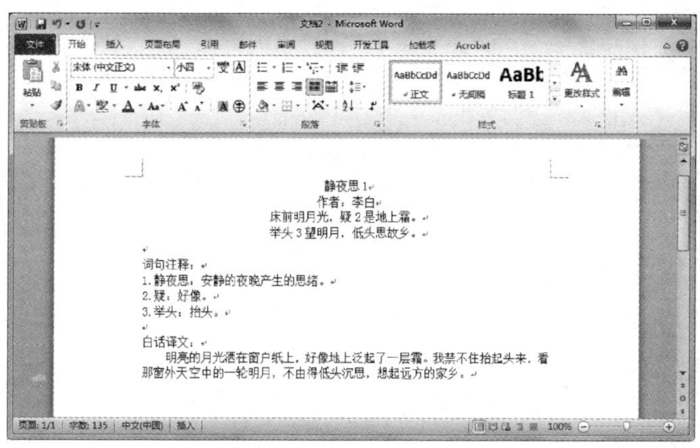

图 5-12　《静夜思》原文

（1）选中“静夜思 1”文字，把光标移到功能区的“开始”选项卡的“字体”组，单击“字体”按钮右侧的下拉按钮，在弹出的下拉列表中选择“黑体”，如图 5-13 所示。

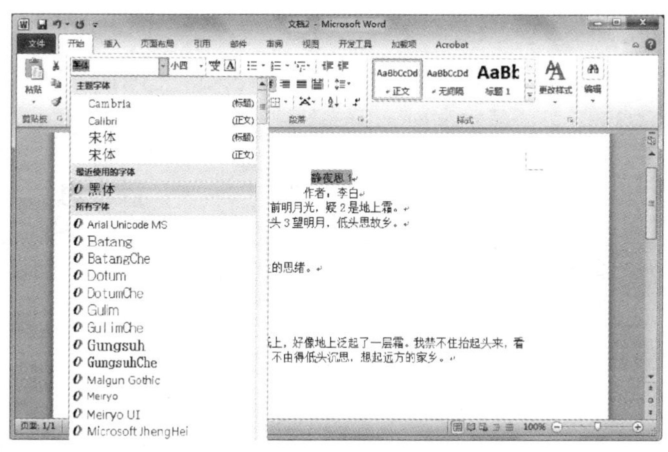

图 5-13　字体设置

（2）继续选中“静夜思 1”文本，单击“字体”组中的“字号”按钮右侧的下拉按钮，在弹出的下拉列表中选择“小二”，如图 5-14 所示。

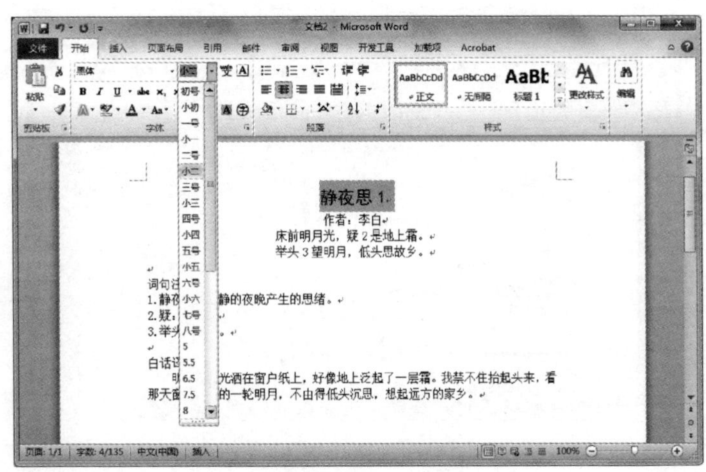

图 5-14　字号设置

（3）选中第三、第四行内容，单击“字体”组右下方的按钮 ，弹出“字体”对话框，选择“字体”选项卡，在“字号”中选择“四号”。

（4）分别选中“1”“2”“3”文字，单击“字体”组中的“上标”符号按钮 x^2，效果如图 5-15 所示。

（5）选中“作者：李白”文字，单击“字体”组中的“下划线”按钮 U 。

（6）选中“词句注释”文字，单击“字体”组中的“倾斜”按钮 *I*，再单击 A “字体颜色”按钮，将其设置为红色。

静夜思 [1]

作者：李白

床前明月光，疑 [2] 是地上霜。

举头 [3] 望明月，低头思故乡。

图 5-15　“上标”效果

（7）选中“思绪”文字，单击“字体”组中的“拼音”按钮 ，弹出“拼音指南”对话框，如图 5-16 所示，设置拼音的“字体”为“黑体”，“字号”为“8”。

（8）选中“白话译文”文字，单击“字体”组中的“加粗”按钮 **B**，然后单击“字体背景色”按钮 ，设置为黄色。

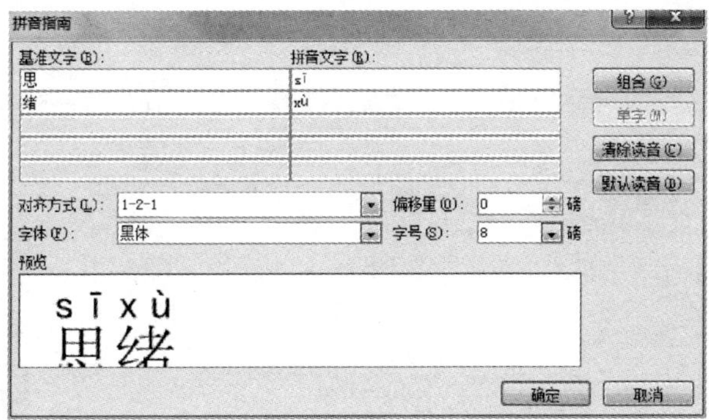

图 5-16 “拼音指南”对话框

(9) 选中“静夜思”文字，单击“字体”组右下方的按钮，弹出“字体”对话框，选择“高级”选项卡，在“间距”右侧的下拉列表框中选择“加宽”选项，将右侧“磅值”设置为“5 磅”，如图 5-17 所示。

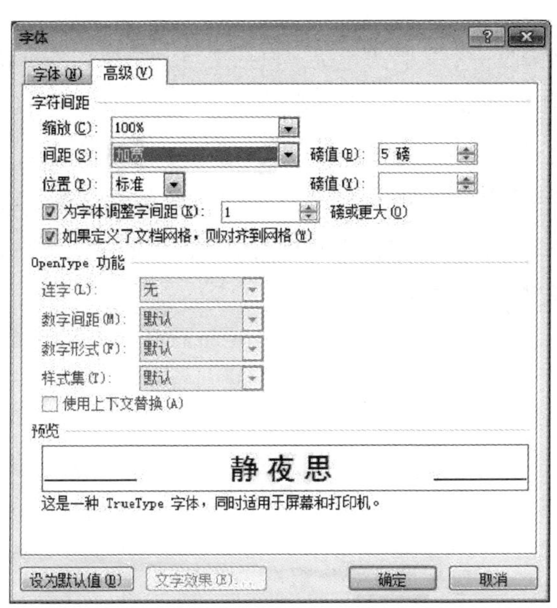

图 5-17 “字体”对话框的“高级”选项卡

《静夜思》文档设置完毕，如图 5-18 所示。

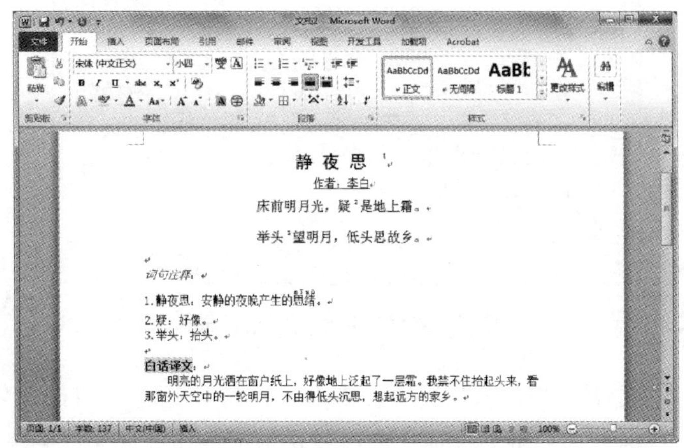

图 5-18　《静夜思》设置效果

二、设置段落格式

段落是构成整个文档的骨架，包括文字、图片和各种特殊字符等元素，是指以“Enter”键为结束的内容文档，是独立的信息单位，具有自身的格式特征。段落格式是以段落为单位的格式设置，要设置段落格式，可以直接将鼠标光标插入要设置的段落中，其格式主要是指对齐方式、段落缩进，以及行间距和段落间距等的设置。

1. 设置对齐方式

段落的对齐方式包括水平对齐方式和垂直对齐方式两种。

（1）水平对齐方式。水平对齐方式包括左对齐、居中、右对齐、两端对齐、分散对齐五种方式。段落的对齐方式可从功能区的“开始”选项卡的“段落”组进行设置，如图 5-19 所示，或单击“段落”组右下角的按钮，在弹出的“段落”

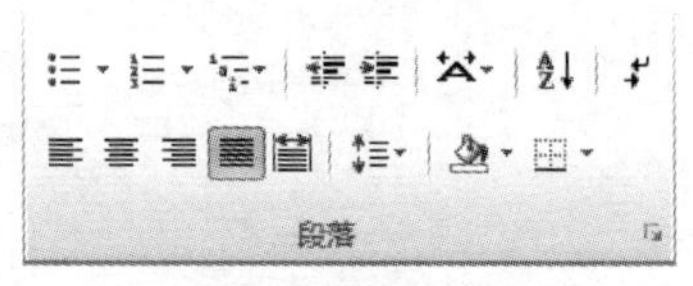

图 5-19　“开始”菜单的“段落”组

对话框中选择“缩进和间距”选项卡并进行设置，如图 5-20 所示。

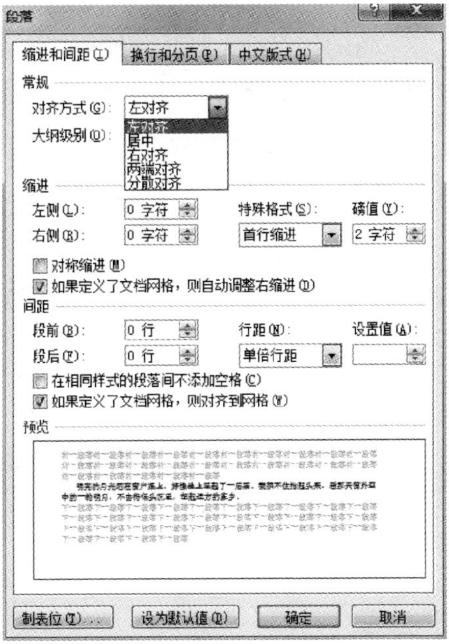

图 5-20　“段落”对话框的“缩进和间距”选项卡

1）左对齐。左对齐是指段落中所有的行都从页面的左边距处起始。

2）居中。居中是指段落的每一行距离页面的左右距离相同。

3）右对齐。右对齐是指段落中所有的行都从页面的右边距处起始。

4）两端对齐。两端对齐是指段落除末行外的左、右两边同时与左、右页边距缩进对齐，这也是系统默认的对齐方式。

5）分散对齐。分散对齐是指段落的每一行左右两边均对齐，并且所选的段落不满一行时，将拉开字符间距，使该行均匀分布。

其操作方法可选中需要设置的文本，当“左对齐”时可单击“段落”组中的按钮 、当“居中对齐”时单击按钮 、当“右对齐”时单击按钮 、当“两端对齐”时单击按钮 、当“分散对齐”时单击按钮▤。

也可以通过对话框的方式进行操作，即选中需要设置的文本，单击“段落”组右下角的按钮◲，打开“段落”对话框，选择“缩进和间距”选项卡，单击“常规”区域的“对齐方式”右侧的下拉按钮，在弹出的下拉列表框中选择相应的水平对齐方式。

（2）垂直对齐方式。垂直对齐方式包括顶端对齐、居中、两端对齐、底端对齐四种方式。系统默认的段落垂直对齐方式为顶端对齐方式。在功能区的“页面布局”选项卡中单击右下角的按钮◲，弹出“页面设置”对话框，选择“版式”选项卡，单击“页面”区域的“垂直对齐方式”右侧的下拉按钮，在弹出的下拉列表框中选择相应的垂直对齐方式，如图 5-21 所示。

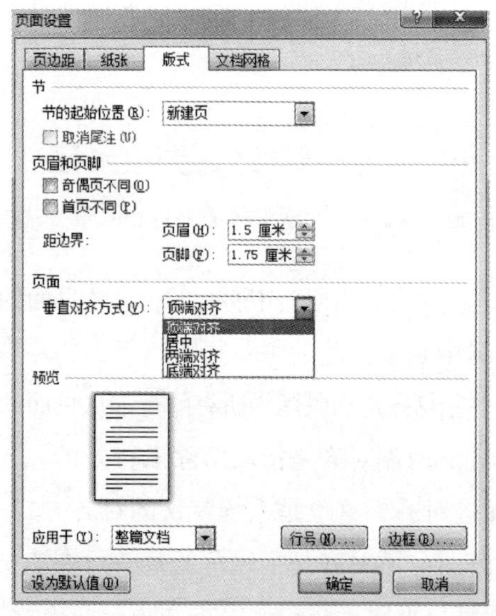

图 5-21 “页面设置”对话框的“版式”选项卡

1）顶端对齐。顶端对齐是指段落向顶端靠近。

2）居中。居中是指段落的首行和末行距离页面的上下距离相同。

3）底端对齐。底端对齐是指段落向底端靠近。

4）两端对齐。两端对齐的对齐效果与顶端对齐相似。

2. 设置段落缩进

段落缩进是指段落中的文本与页边距之间的距离。它是为了突出某段或某几段，使其远离页边空白或占用页边空白，起到突出效果的一种方式。用户可以对整个文档设置缩进，也可以对某一段落设置缩进。

（1）段落缩进。段落缩进有以下几种格式：

1）首行缩进。首行缩进是指每个段落的首行缩进若干字符的距离。

2）悬挂缩进。悬挂缩进是指段落的第一行顶格，其余各行相对缩进。

3）左侧缩进。左侧缩进是指选中的段落向右侧偏移一定的距离。

4）右侧缩进。右侧缩进是指选中的段落向左侧偏移一定的距离。

（2）设置段落缩进的方法

1）选中需要设置的文本，单击功能区的“开始”选项卡的“段落”组的右下方按钮，弹出“段落”对话框，选择“缩进和间距”选项卡，在“缩进”区域的“左侧”“右侧”分别设置左侧缩进和右侧缩进，在“特殊格式”中设置“首行缩进”和“悬挂缩进”，如图 5-22 所示。

2）选中需要设置的文本，单击功能区的“开始”选项卡的“段落”组中的“减少缩进量”按钮或“增加缩进量”按钮，这种方法简单，但是不够精确。

3. 设置段落间距和行距

在文档的编辑中，可以根据用户的需要，对段落间距和行距进行设置，使文档看起来更加美观。行距是指从一行文字的底部到另一行文字底部之间的距离，行距决定段落中各行文本之间的垂直距离。Word 2010 系统默认值是单倍行距，在这个基础上，用户可以对行距进行增大或缩小。段落间距是指前后相邻的段落之间的空白距

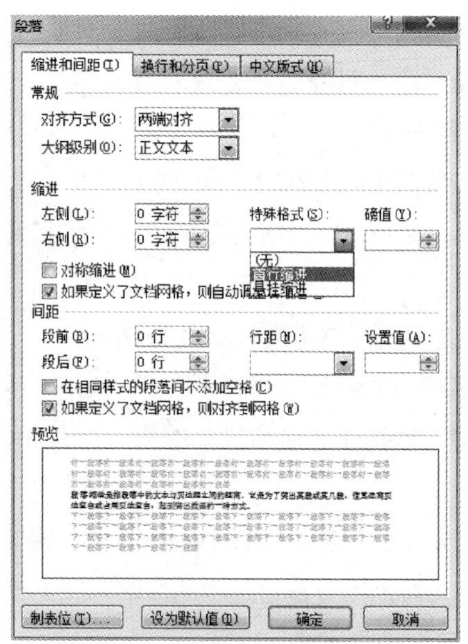

图 5-22 “段落”对话框的“缩进和间距”选项卡的缩进设置

离。同理，也可以对段落间距进行设置，以满足用户的需求。

操作方法：选中需要设置的文本段落，单击功能区中“开始”选项卡的“段落”组右下角的按钮，弹出“段落”对话框，选择“缩进和间距”选项卡，在“间距”区域的“段前”“段后”分别设置段前间距和段后间距，在“行距”中设置相应的行距，同时在右侧的“设置值”中输入行距值，如图 5-23 所示。

4. 设置首字下沉

在阅读报纸杂志的时候，经常会看到文章开头的第一个字符比文档中的其他字符要大，或者是字体不同，显得非常醒目，更能引起读者的注意，这就是首字下沉的效果。首字下沉在文本的编辑中也是经常用到的一种文本修饰方法。设置首字下沉的操作方法如下：

将光标定位在需要设置首字下沉的段落，在功能区的“插入”选

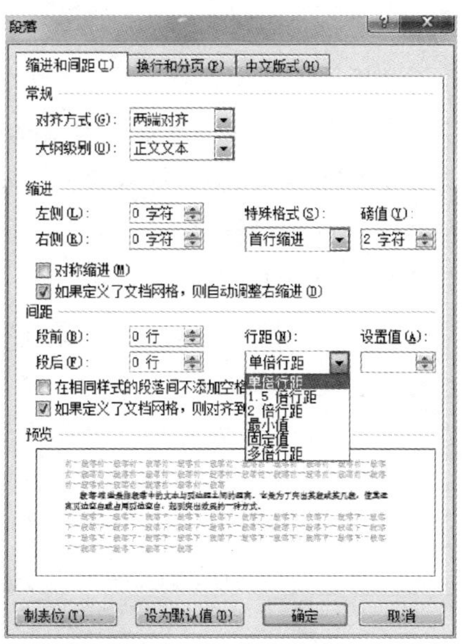

图 5-23　“段落”对话框的“缩进和间距”选项卡的间距设置

项卡的“文本”组找到“首字下沉”按钮，单击“首字下沉”按钮下方的下拉按钮，在弹出的下拉列表中选择下沉样式，如图 5-24 所示，或单击下拉列表下方的“首字下沉选项”命令，弹出“首字下沉”对话框，在该对话框中可对该格式进行精确设置，如图 5-25 所示。

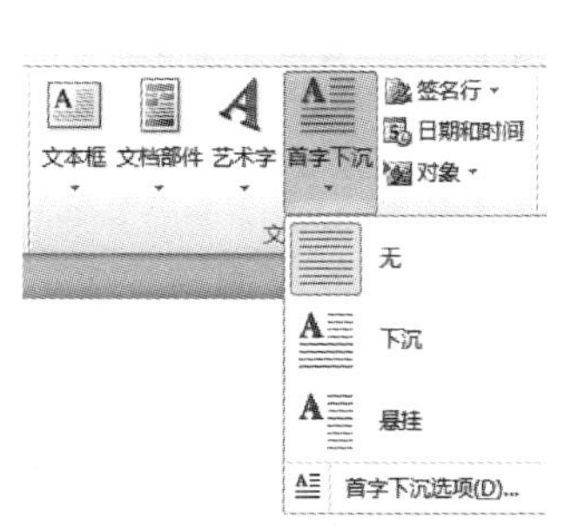

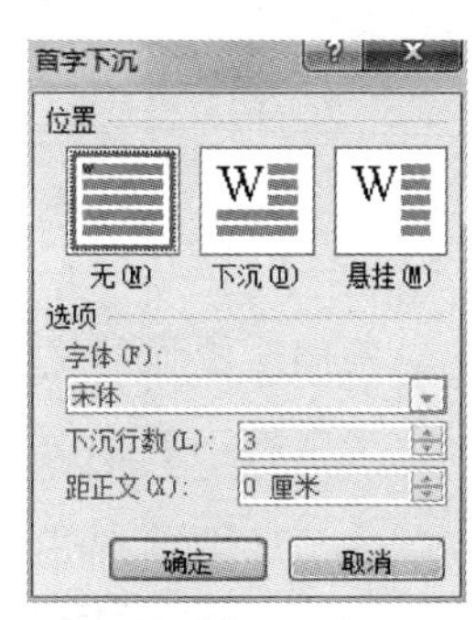

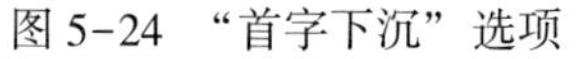
图 5-24　“首字下沉”选项　　图 5-25　“首字下沉”对话框

5. 插入项目符号

在文档中，为了使相关内容醒目且有序，经常需要使用项目符号。项目符号是放在文本前以添加强调效果的点或其他符号，用于强调一些重要的观点或条目。插入项目符号的操作方法如下：

将光标定位在需要设置项目符号的段落，在功能区的“开始”选项卡的“段落”组中找到“项目符号”按钮☰▾，单击其右侧的下拉按钮，从下拉列表的“项目符号库”中选择符号，如图5-26所示，或单击最下方的“定义新项目符号”命令，弹出“定义新项目符号”对话框，如图5-27所示，在该对话框中设置“项目符号字符”和“对齐方式”，单击“确定”按钮。项目符号不仅可以设置为符号，也可以设置为图片和字体。

图5-26　项目符号库

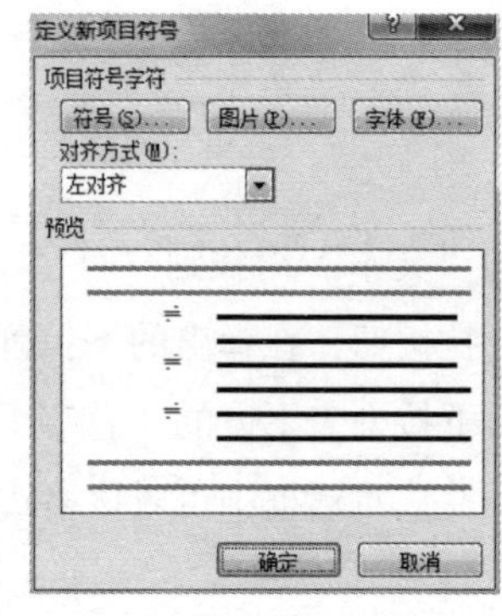

图5-27　“定义新项目符号”对话框

6. 插入编号

在编辑条理性较强的文档时，通常需要插入编号列表，用于逐步展开一个文档的内容，使文档结构清晰，层次鲜明。编号与项目符号的不同之处：编号为连续的数字或字母，而项目符号使用的是相同的符号。插入编号的操作方法有以下两种：

（1）选中需要设置项目符号的段落，在功能区的“开始”选项卡的“段落”组中找到“编号”按钮☰ ▾，单击其右侧的下拉按钮，从下拉列表“编号库”中选择编号格式，如图 5-28 所示。

（2）单击下拉列表最下方的“定义新编号格式”命令，弹出“定义新编号格式”对话框，如图 5-29 所示，在该对话框中设置“编号样式”“编号格式”“对齐方式”，最后单击“确定”按钮。

图 5-28　编号库

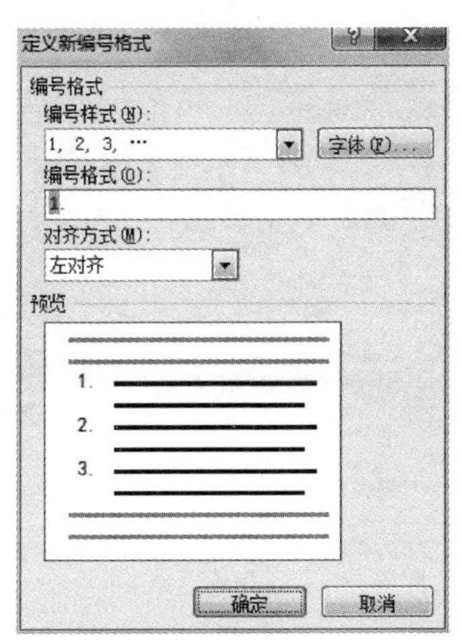

图 5-29　“定义新编号格式”对话框

7. 使用多级列表

项目符号所强调的是并列的多个项，为了强调多个层次的列表项，经常使用的还有多级列表。多级列表是用于为列表或文档设置层次结构而创建的列表。设置多级列表的操作方法有以下几种。

（1）选中需要设置多级列表的段落，在功能区的“开始”选项卡的“段落”组中找到“多级列表”按钮 ▾，单击其右侧的下拉按钮，从弹出的下拉列表的“列表库”中选择列表格式，如图 5-30 所示。

（2）单击下拉列表下方的“定义新的多级列表”命令，弹出“定义新多级列表”对话框，在该对话框中进行格式设置，如图5-31所示。

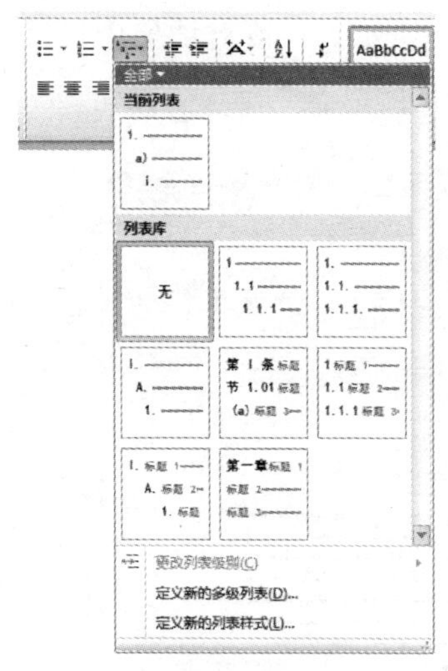

图5-30 列表库

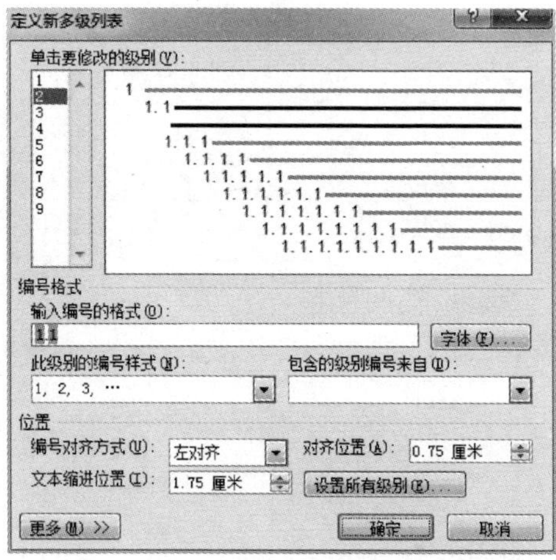

图5-31 “定义新多级列表”对话框

（3）单击下拉列表下方的“定义新的列表样式”命令，弹出“定义新列表样式”对话框，在该对话框中进行格式设置，如图5-32所示。

8. 复制和清除格式

在较长的文档中经常需要把不同的内容设置成同样的格式，如果一一设置需要较大的工作量，因此，Word 2010提供了复制格式的方法——“格式刷”。格式刷的操作方法如下：

若A为需要设置的文本，B为设置样板。先选中B，单击功能区的“开始”选项卡中的“格式刷”按钮（单击只能使用一次，双击可以一直使用），如图5-33所示，然后选中A，A即变为B的文本格式。

格式刷不仅适用于文本，段落和图片等也可以用格式刷迅速复

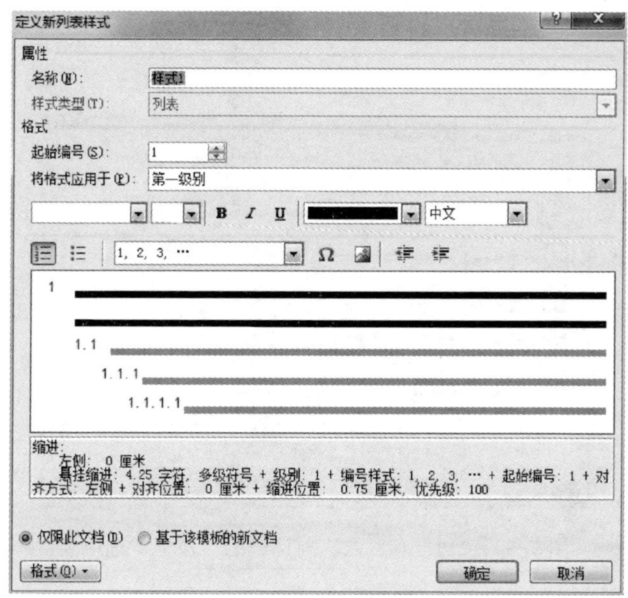

图 5-32　“定义新列表样式”对话框

制格式。熟练掌握格式刷的使用方法可以更快更好地编辑文档。

图 5-33　格式刷

对编辑好格式的文档进行格式清除的步骤如下：首先，选中需要清除格式的文档，然后在功能区的“开始”选项卡的“字体”组中找到“清除格式”按钮，单击该按钮即可完成格式清除。

9. 添加边框和底纹

Word 2010 提供了为文档中的文字、段落或表格添加边框和底纹的功能，目的是使文档内容更加醒目。

（1）添加边框。选中要添加边框的内容，在功能区的“页面布局”选项卡的“页面背景”组中单击“页面边框”按钮，弹出“边框和底纹”对话框，选择“边框”选项卡，在此选项卡设置边框的样式、颜色、宽度等，如图 5-34 所示。单击“确定”按钮完成操作。

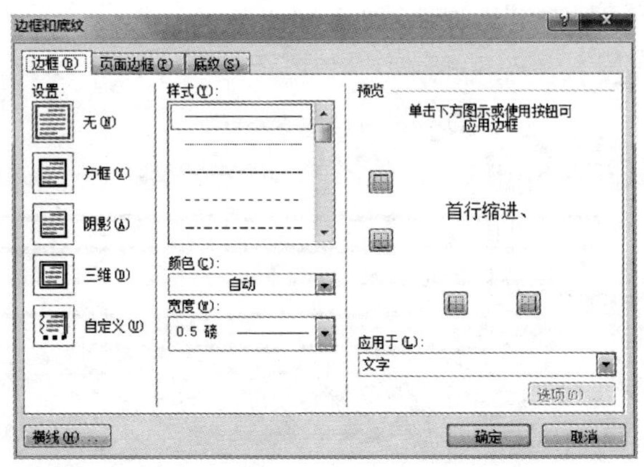

图 5-34 “边框和底纹”对话框的“边框”选项卡

(2) 添加底纹。选中要添加底纹的内容，在功能区的“页面布局”选项卡的“页面背景”组中单击“页面边框”按钮，出现“边框和底纹”对话框，选择“底纹”选项卡，在该选项卡选择底纹的填充色和图案等，如图 5-35 所示。单击“确定”按钮完成操作。

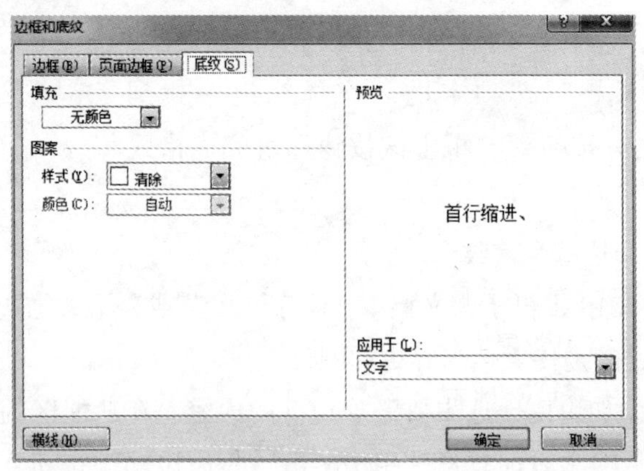

图 5-35 “边框和底纹”对话框的“底纹”选项卡

三、设置页面格式

页面是文档承载内容的载体，通过设置页面格式，可以使整篇文档更加美观。

1. 分栏排版

在编辑报纸杂志时，经常需要对文章进行各种复杂的分栏排版，使版面生动和更具可读性。设置分栏排版的操作方法如下：

（1）选中需要分栏的文本，在功能区的“页面布局”选项卡的“页面设置”组中找到“分栏”按钮，单击其下方的下拉按钮，在弹出的下拉列表中选择分栏样式，如图 5-36 所示。

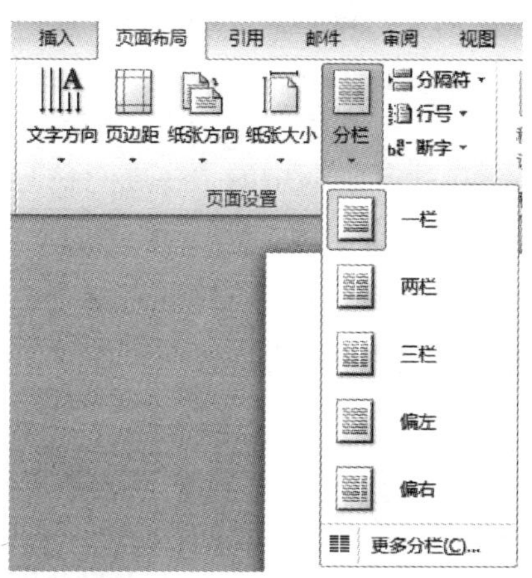

图 5-36　“分栏”菜单

（2）单击下拉列表下方的“更多分栏”命令，弹出“分栏”对话框，可进行分栏格式的更多设置，如图 5-37 所示。

2. 设置页面背景

页面背景就是文档页面颜色和图案，用户可以根据需求设置各种背景颜色和图案。设置页面背景的操作方法如下。

（1）打开需要设置的文档，在功能区的“页面布局”选项卡的

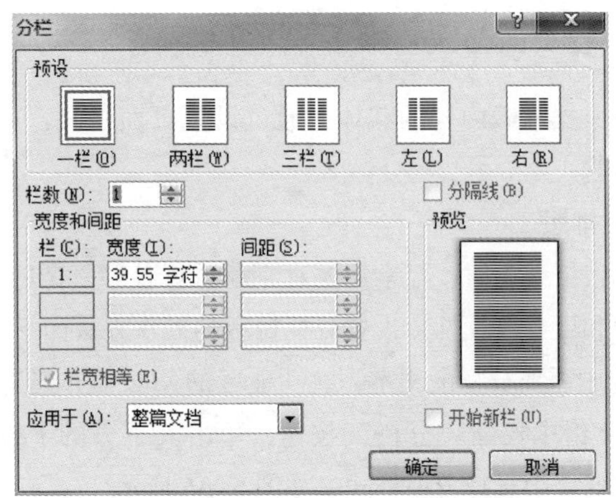

图 5-37 “分栏”对话框

“页面背景”组中找到“页面颜色”按钮，单击其下方的下拉按钮，在弹出的“页面颜色”下拉列表中的“主题颜色”和“标准色”中选择颜色，如图 5-38 所示。

（2）若要设置其他颜色，单击下拉列表下方的“其他颜色”命令，在弹出的“颜色”对话框中选定颜色，如图 5-39 所示。

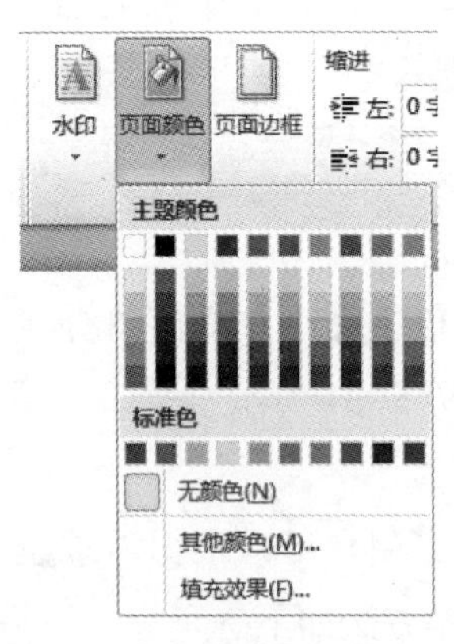

图 5-38 “页面颜色”下拉列表

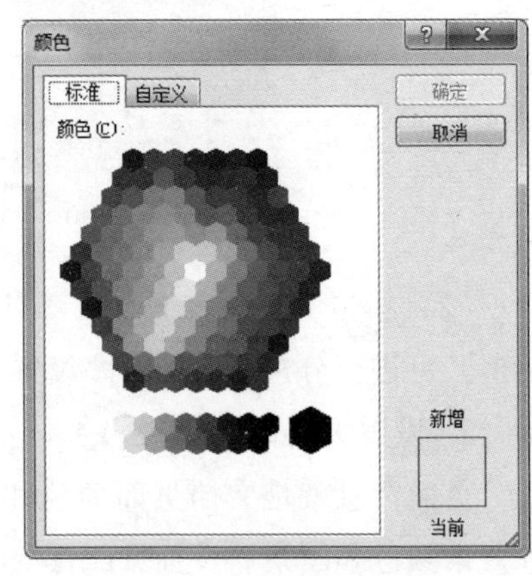

图 5-39 “颜色”对话框

（3）也可将页面背景设置为渐变色、图案、图片等。可在“页面颜色”下拉列表中单击“填充效果”命令，弹出“填充效果”对话框，然后通过对话框中的不同选项卡进行设置，如图 5-40 所示。

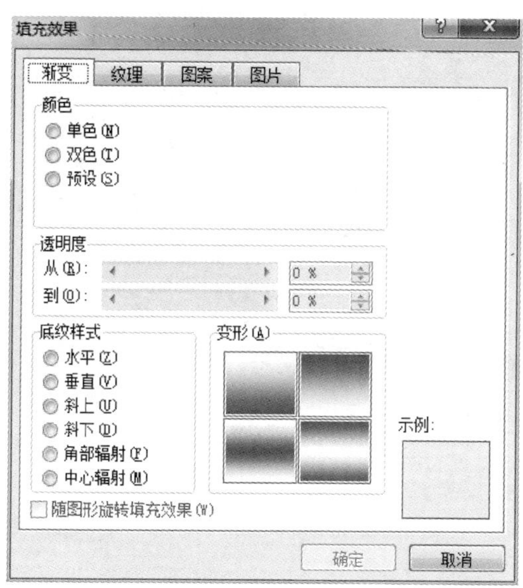

图 5-40　“填充效果”对话框

3. 插入页眉、页脚和页码

页眉和页脚通常用于显示文件的附加信息，如日期、作者名称、单位名称或章节名称等文字或图形，这些信息通常显示或打印在文档中每页的顶部或底部，页眉打印在上页边距中，页脚打印在下页边距中。有关页眉和页脚的相关设置可打开需要设置的文档，找到功能区的“插入”选项卡的“页眉和页脚”组，如图 5-41 所示。设置页眉、页脚等的操作方法如下：

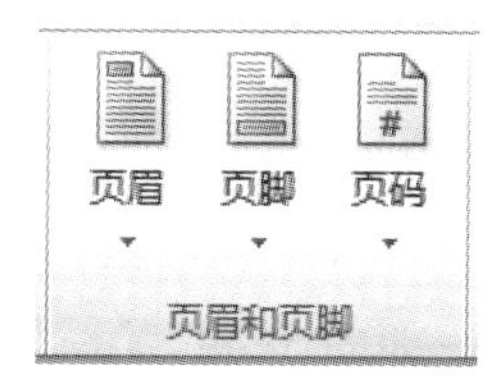

图 5-41　“页眉和页脚”组

（1）页眉设置。单击“页眉”按钮下方的下拉按钮，在弹出的下拉列表中单击“编辑页眉”命令，编辑页如图5-42所示，可在光标处输入页眉内容。在“设计”选项卡的“选项”组和“位置”组设置页眉属性，单击右边红色“关闭页眉和页脚”按钮，保存页眉设置。

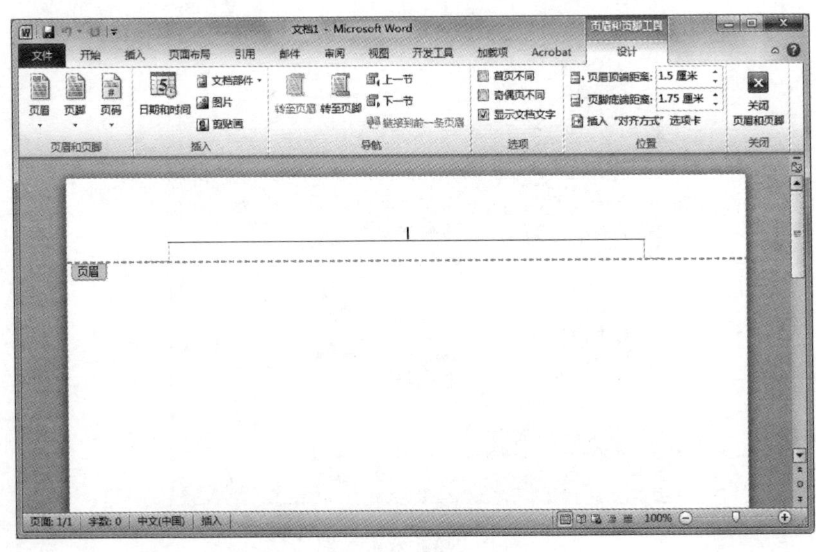

图 5-42 设置页眉

（2）页脚设置。单击“页脚”按钮下方的下拉按钮，在弹出的下拉列表中单击“编辑页脚”命令，呈现出如图 5-43 所示页面，在浅蓝色虚线下方输入页脚内容，在“设计”选项卡的“选项”组和“位置”组设置页脚属性，单击右边红色“关闭页眉和页脚”按钮，保存页脚设置。

（3）页码。要给文档添加页码，可在图 5-41 中单击“页码”按钮下方的下拉按钮，在弹出的下拉列表中单击“设置页码格式”命令，如图 5-44 所示，在弹出的“页码格式”对话框中进行页码设置。

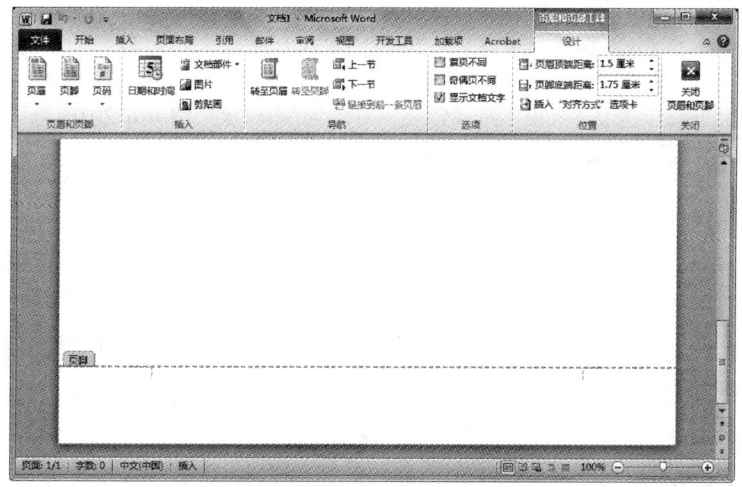

图 5-43　设置页脚

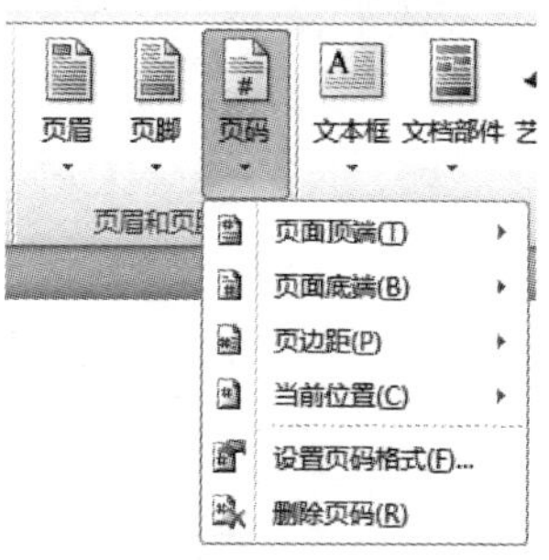

图 5-44　设置页码

模块 3　制作图文混排文档

图文混排是 Word 2010 的特色功能之一，也是排版部分的一个综合内容，它不仅具有绘制简单图形的功能，而且还可以在文档中插入一些精美的图片，通过文字与图片的混合编排，能绘制出赏心悦目的“高级”文档。

一、插入图片对象

图像作为信息的一种载体更易引起读者注意，Word 2010 可以通过插入图片来增强文档的效果。

1. 插入来自文件的图片

为了增强文档的可视性，用户可以在文档中插入从磁盘中选择的图片文件。其操作步骤如下：

将光标移至要插入图片的位置，单击功能区的“插入”选项卡的“插图”组的“图片”按钮，如图 5-45 所示，弹出“插入图片”对话框，如图 5-46 所示，在路径中查找要插入的图片位置，双击图片文件或选中图片文件再单击“插入”按钮即可插入图片。

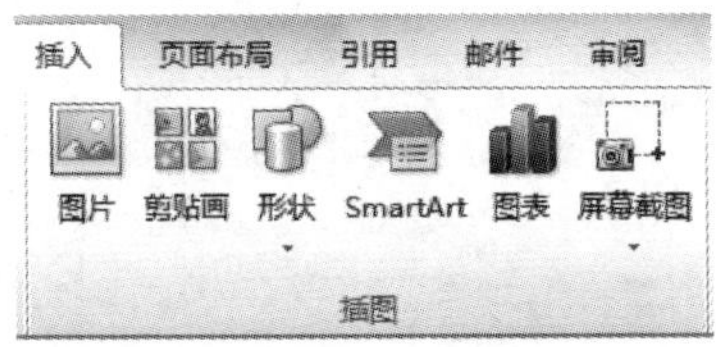

图 5-45 “插图”组

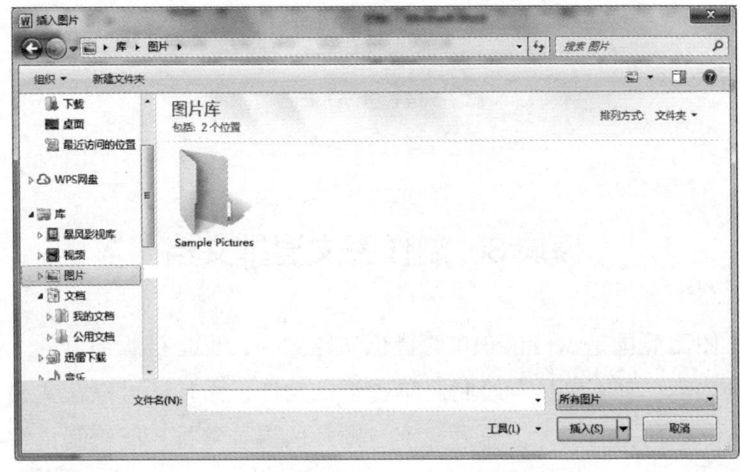

图 5-46 “插入图片”对话框

2. 以对象的方式插入图片

Word 2010 提供了以对象的方式插入图片的方法，这种方法简单直观，而且方便用户进行编辑。其操作方法如下：

单击功能区的“插入”选项卡的“文本”组的“对象”按钮 对象，如图 5-47 所示，弹出“对象”对话框，在“新建”选项卡的“对象类型”列表框中，选择“Bitmap Image”选项，即位图图像，如图 5-48 所示，此时弹出如图 5-49 所示的绘图画布，用户可以任意绘制图案，制作自己需要的插入对象。绘制完成后，单击页面右边空白处即退出绘制。如果需要重新编辑该图案，双击图案即可返回编辑页面。

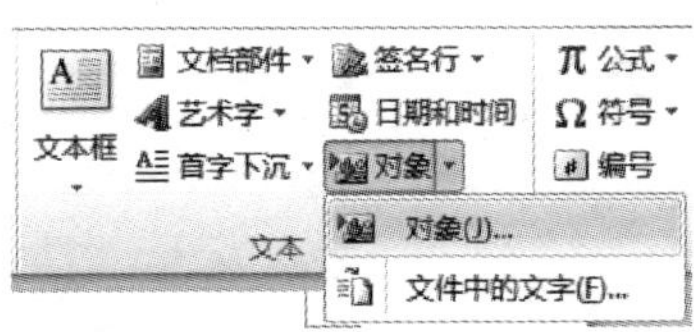

图 5-47 “对象”按钮

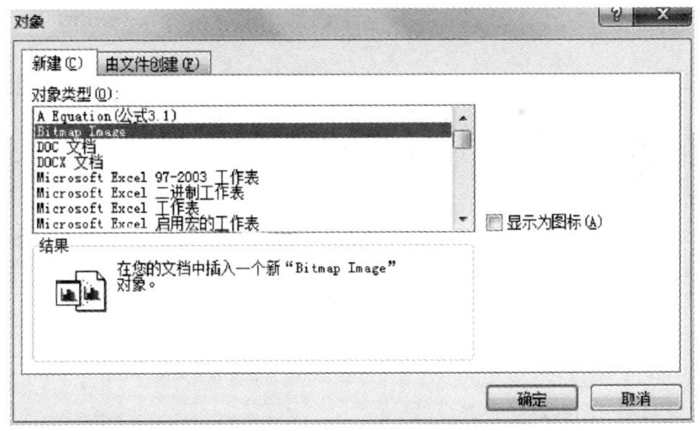

图 5-48 “对象”对话框的“新建”选项卡

也可选择“对象”对话框的“由文件创建”选项卡进行图片插入，如图 5-50 所示，单击“预览”按钮，选择需要的文件进行插入即可。

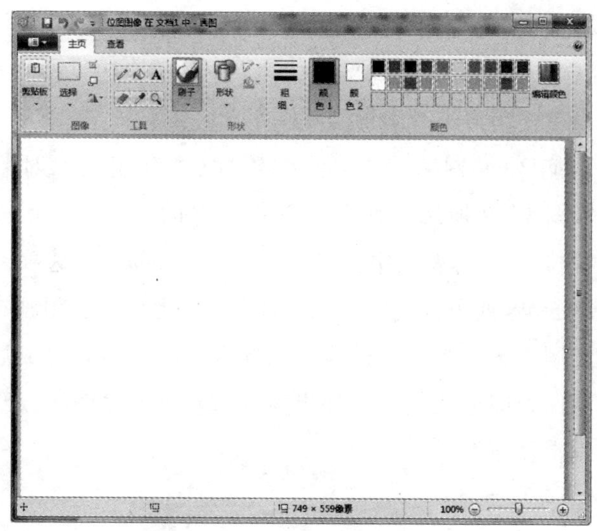

图 5-49　绘图画布

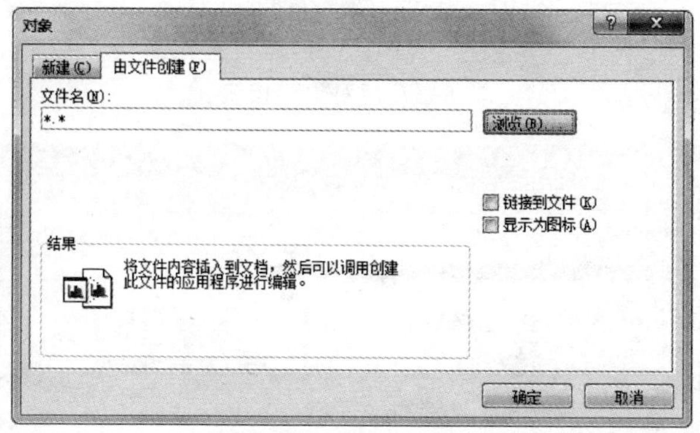

图 5-50　“对象”对话框的“由文件创建”选项卡

二、图片的设置与编辑

将图片直接插入文档后往往存在一些问题，如图片大小不合适、位置或文字环绕方式不合适等，因此，需要对图片格式进行设置和编辑。

1. 设置图片大小

用户直接将图片插入文档后，有时会出现图片过大或过小的情况，因此，需要对图片进行缩小或放大。其操作方法如下：

(1) 选中要设置的图片，将光标移至四个角的任意一角，当光标变成斜向上下的箭头时，按住鼠标左键沿箭头指向方向拖动，即可改变图片大小，向内拖动按比例缩小图片，向外拖动按比例放大图片。这样的方法只对图片进行压缩，并不会改变图片的显示质量。

(2) 选中要设置的图片，在功能区的“格式”选项卡的“大小”组中的“高度”和“宽度”选项中设置图片大小，这样的设定比较精确，而且是按比例缩放。

(3) 单击功能区的“格式”选项卡的“大小”组右下角的按钮，弹出“布局”对话框，选择“大小”选项卡，如图 5-51 所示，在这个对话框中设置高度、宽度、旋转，以及缩放比例。若需要恢复图片的原始大小，单击“重置”按钮即可。

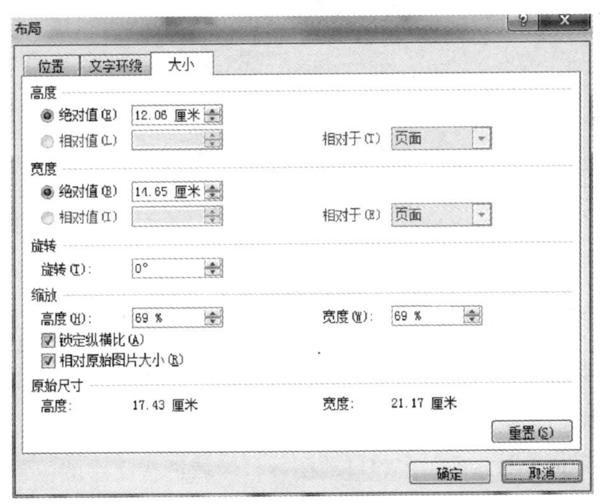

图 5-51 “布局”对话框的“大小”选项卡

2. 设置图片排列效果

Word 2010 默认图片以“嵌入”方式插入文档中，不能随意移动位置，而且不能在周围环绕文字。为了更好地排版，需要更改图片的位置及其与文字之间的关系。Word 2010 提供了不同的环绕类型，允许用户为图片更改排列设置。其操作方法如下：

（1）单击选定文档中需要设置的图片，在功能区的“格式”选项卡的“排列”组中单击“位置”图标下方的下拉按钮，在弹出的下拉列表中包括“嵌入文本行中”和“文字环绕”两种类型，其中“文字环绕”根据图片位置不同包含了九种布局方式，用户可根据需要选择相应的方式，如图 5-52 所示。

图 5-52 “位置”图标下拉列表

（2）若需要对图片排列效果进行更精确的设置，可单击图 5-52 中下拉列表最下方的“其他布局选项”命令，在弹出的“布局”对话框中，选择“文字环绕”选项卡，如图 5-53 所示。在“环绕方式”区域选择合适的环绕方式，在“自动换行”区域选择文字的位置，在“距正文”区域的“上”“下”“左”“右”文本框中输入相应的数字，可设置图片与文字的上、下、左、右间距，单击“确定”按钮完成设置。

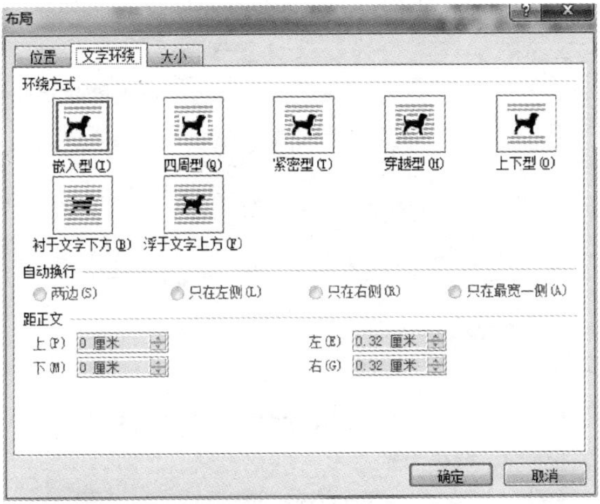

图 5-53　“布局”对话框的“文字环绕”选项卡

3. 裁剪图片

用户在很多情况下需要对图片进行区域选择，这样就要对插入的图片进行一定的裁剪。其操作方法如下：

（1）选择需要裁剪的图片，单击功能区“格式”选项卡“大小”组中的“裁剪”按钮下方的下拉按钮，弹出如图 5-54所示的下拉列表，单击下拉列表中的“裁剪”按钮 裁剪(C)，图片四周将出现被框选的符号，如图 5-55 所示，通过框选符号改变框选的区域，再单击“裁剪”按钮 裁剪(C)，完成裁剪。

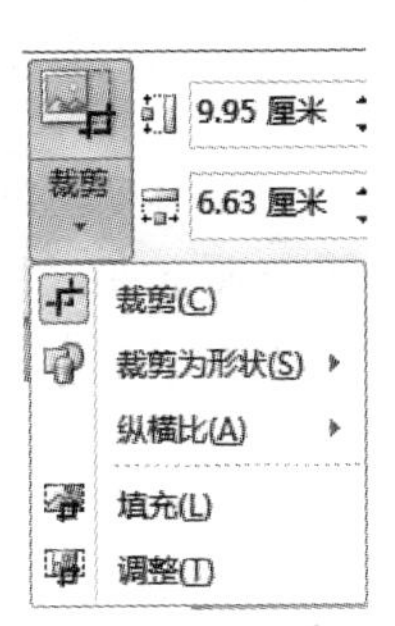

图 5-54　“裁剪”按钮及其下拉列表

（2）还可通过“裁剪为形状”按钮 裁剪为形状(S) 设置裁剪的形状，另外也可以按照“纵横比”对图片进行裁剪。

图 5-55　图片被框选

三、形状的插入与编辑

在制作文档时，有时会需要一些图形以便更好地说明问题，这就需要使用到 Word 2010 提供的绘制图形功能。

1. 插入形状

选择功能区的“插入”选项卡的“插图”组中的“形状”按钮，如图 5-56 所示，单击“形状”按钮下方的下拉按钮，弹出如图5-57所示的“形状”下拉列表，选择需要绘制的形状选项，然后在文档中拖动鼠标进行绘制，完成形状的插入。

2. 编辑形状

形状生成后，为了更加清晰、合理地使用，需要对其进行相应的编辑，方法如下：

图 5-56　“插图”组

图 5-57　“形状”下拉列表

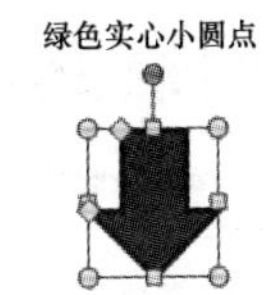

图 5-58　选中形状

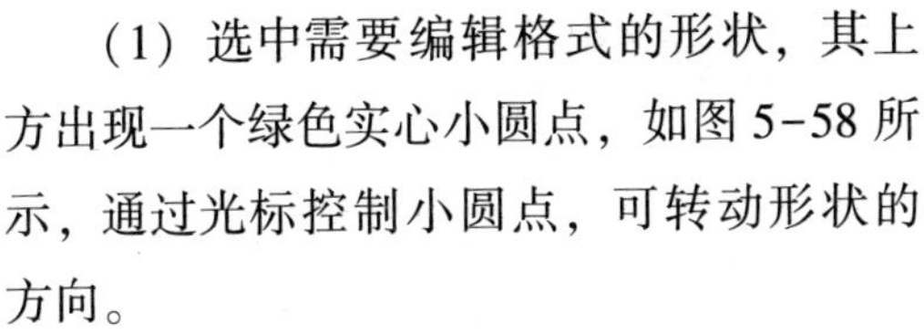

(1) 选中需要编辑格式的形状，其上方出现一个绿色实心小圆点，如图 5-58 所示，通过光标控制小圆点，可转动形状的方向。

(2) 单击功能区的“格式”选项卡中“插入形状”组的“编辑形状”按钮 编辑形状 ，可通过形状四周 8 个控制点改变形状的样式。

(3) 在功能区的“格式”选项卡的“形状样式”组列出了 Word 2010 预置的一些形状样式供用户选择，也可通过“形状填充”“形状轮廓”“形状效果”选项对形状进行设置，如图 5-59 所示。

(4) 在图 5-59 中，单击“形状填充”下拉按钮，在弹出的“形状填充”下拉列表中，不但可以对形状选择更多的填充颜色，还

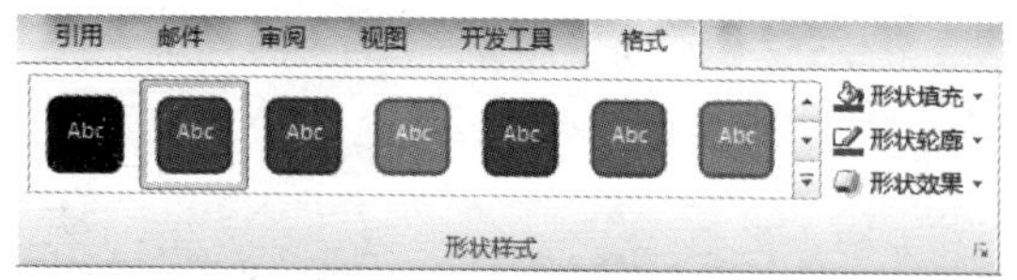

图 5-59 “形状样式”组

可以选择“图片”“渐变”“纹理”等填充方法，使形状的填充图案更加多样化，如图 5-60 所示。

（5）在图 5-59 中，单击“形状轮廓”下拉按钮，在弹出的“形状轮廓”下拉列表中，可以为形状选择不同粗细、不同样式的边框，如图 5-61 所示。

（6）在图 5-59 中，单击“形状效果”下拉按钮，在弹出的“形状效果”下拉列表中，可以设置形状的各种特殊效果，如图 5-62 所示。

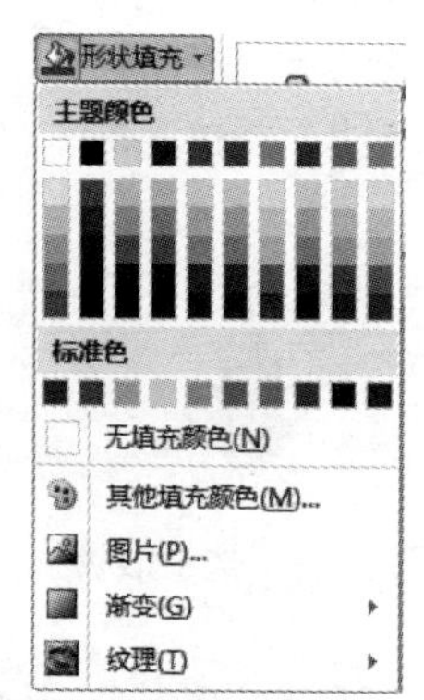

图 5-60 “形状填充”下拉列表

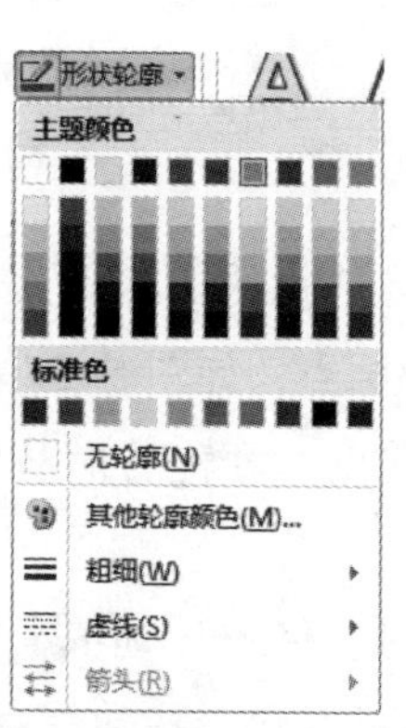

图 5-61 “形状轮廓”下拉列表

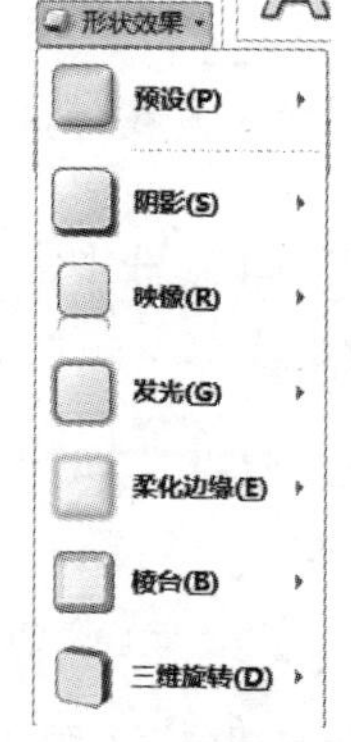

图 5-62 “形状效果”下拉列表

四、制作艺术字

艺术字是指使用现成效果创建的文本对象，在制作文档时为了让文档更美观，会经常使用艺术字。

1. 插入艺术字

将光标定位在插入艺术字的位置，单击功能区的“插入”选项卡的“文本”组中的“艺术字”按钮，弹出“艺术字”下拉列表，如图 5-63 所示，选择需要设置的艺术字模板，出现如图 5-64 所示输入框，输入文本内容，即可完成艺术字的插入。

图 5-63　艺术字

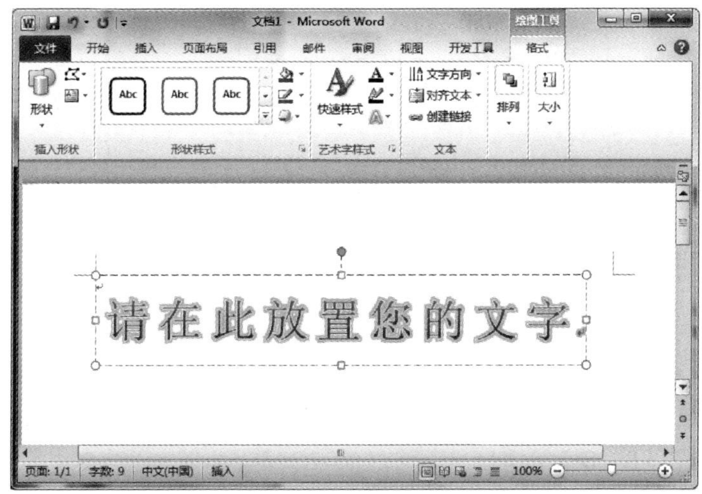

图 5-64　艺术字输入框

2. 编辑艺术字

（1）选中插入的艺术字文本，在功能区的“开始”选项卡的“字体”组中对文字进行字体、字号等相关选项的设置，如图 5-65 所示。

（2）在功能区的“格式”选项卡的“艺术字样式”组对艺术字的“文本填充”“文本轮廓”“文本效果”进行设置，如图 5-66 所示。

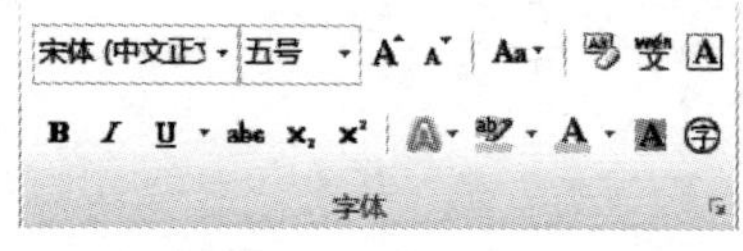

图 5-65 “字体”组

图 5-66 “艺术字样式”组

（3）单击“艺术字样式”组右下角的按钮，弹出“设置文本效果格式”对话框，在此也可对艺术字进行各种属性的设置，如图 5-67 所示。

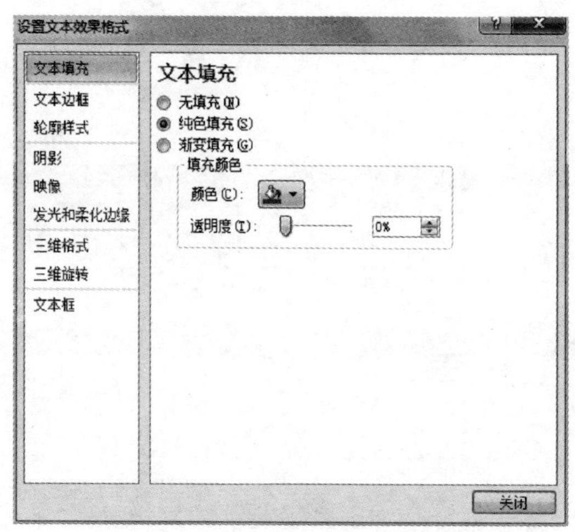

图 5-67 “设置文本效果格式”对话框

五、使用文本框

文本框可以随意放置在文档中的任意位置，也可以插入图像，用户可以在文本框中像处理一个新页面一样来处理文本框中的文字，如设置文字的方向、格式化文字、设置段落格式等。文本框有两种：横排文本框和竖排文本框，区别仅在于文本排列方向不同。

1. 使用内置文本框

Word 2010 给出了一些文本框格式模板，单击功能区的“插入”选项卡的“文本”组中的“文本框”按钮，弹出“文本框”模板列表，如图 5-68 所示，从中选择需要的文本框模板即可。

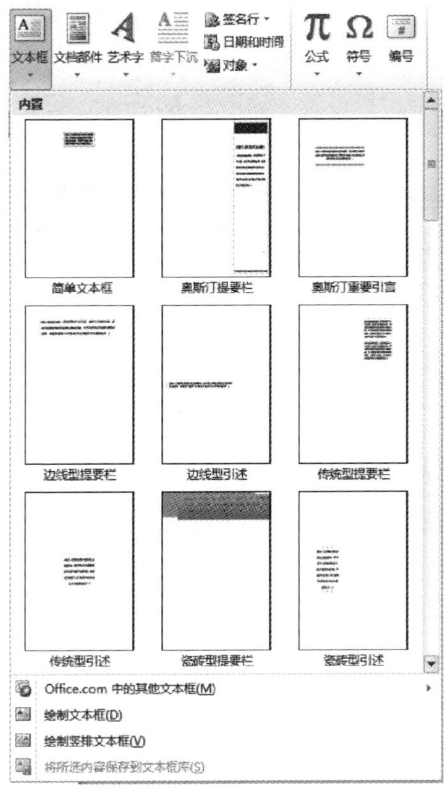

图 5-68　“文本框”模板列表

2. 手动绘制文本框

单击图 5-68 中下拉列表的“绘制文本框”命令，根据需要绘制横向文本框；也可单击“绘制竖排文本框”命令，绘制竖排文本框。单击后，鼠标光标变成十字形，在文档中拖动鼠标即可生成一个最简单的文本框。在文本框内可以随意输入文字或插入图片，并可进行排版设置。

3. 设置文本框格式

生成文本框后，用户可以根据需要设置文本框的样式、大小等。

（1）设置文本框样式。选中需要设置的文本框，在功能区的“格式”选项卡的“形状样式”组中列出了 Word 2010 预置的一些文本框样式。也可通过该组中的“形状填充”“形状轮廓”“形状效果”按钮对文本框进行设置，如图 5-69 所示，设置方法与插入形状的设置方法一致。

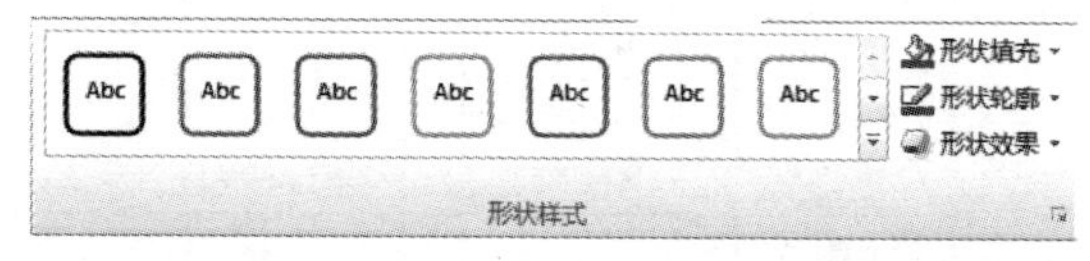

图 5-69 “形状样式”组

（2）设置文本框大小

1）选中需要设置大小的文本框，可以看到文本框四周出现了 8 个控制点，拖动四角的控制点，可以按比例扩大或缩小文本框，拖动 4 边的控制点可以向某个方向扩大或缩小文本框，但这种方法不能精确设置文本框的大小。

2）若要精确设置文本框的大小，可在功能区的“格式”选项卡的“大小”组中进行“高度”与“宽度”的设置，如图 5-70 所示。

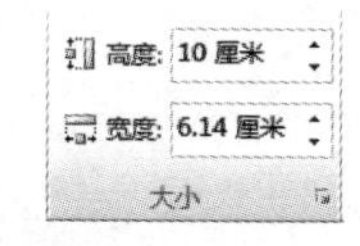

图 5-70 “大小”组

3）也可单击“大小”组右下角的按钮 ，弹出“布局”对话框，选择“大小”选项卡进行相关设置，如图 5-71 所示。

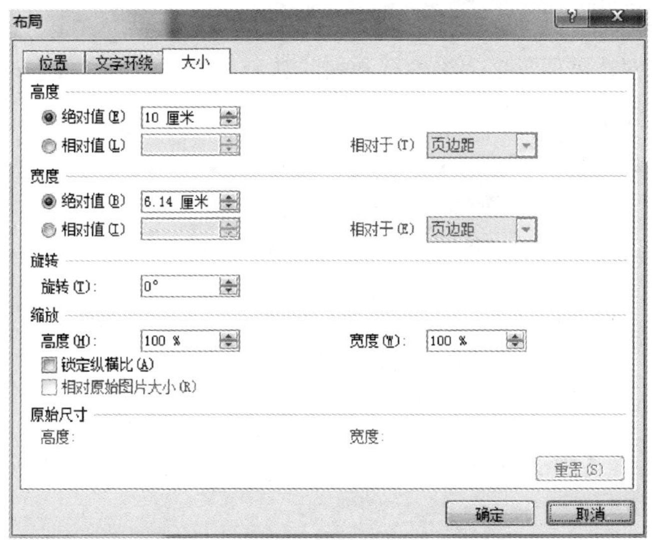

图 5-71　“布局”对话框的“大小”选项卡

模块 4　在办公文档中应用表格

表格作为显示成组数据和其他项的一种形式，方便快速引用和分析，具有条理清晰、说明性强、查找速度快等优点，因此使用非常广泛。Word 2010 中提供了大量的表格处理功能，可以迅速创建和格式化表格。

一、创建表格

表格通常用于存放数字、统计数据等，使用表格组织的数据易于阅读，并且便于处理，Word 2010 提供了以下几种创建表格的方式。

1. 使用“表格”按钮创建表格

打开文档，将光标定位在需要插入表格的地方，在功能区“插入”选项卡的“表格”组中单击“表格”按钮下方的下拉按钮，弹出“表格”下拉列表，如图5-72所示。在“表格”下拉列表中拖动光标框选需要设置表格的行和列的数量，单击即可完成表格创建，如图5-73所示。

图5-72 “表格”下拉列表

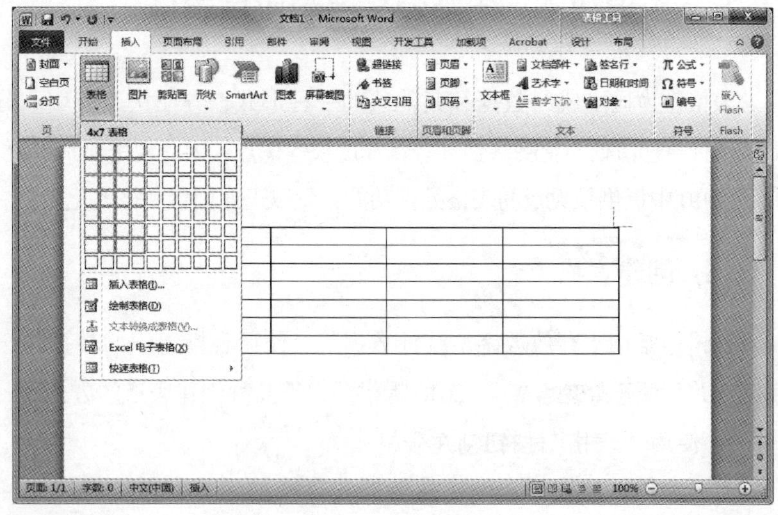

图5-73 创建表格

2. 使用对话框创建表格

在图 5-72 中单击“表格”下拉列表中的“插入表格”命令，弹出“插入表格”对话框（见图 5-74），设置表格的行数和列数，单击“确定”按钮即可完成表格创建。

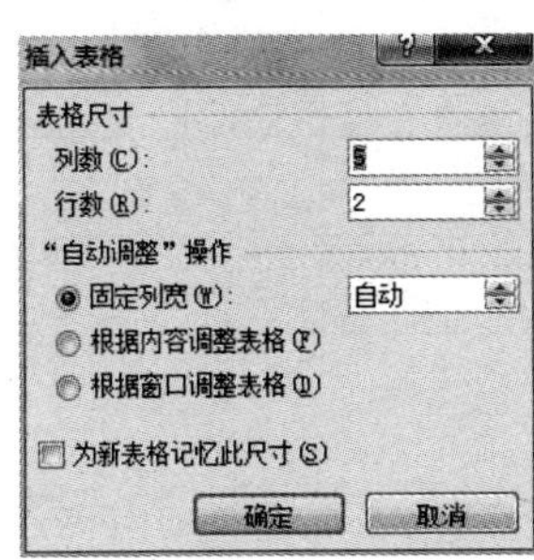

图 5-74　“插入表格”对话框

3. 手动绘制表格

打开文档，将光标定位在需要插入表格的地方，在图 5-72 中单击“表格”下拉列表中的“绘制表格”命令，光标变成铅笔样式，在页面上拖动后松开鼠标，绘制出表格边框，然后将铅笔光标定位在左边框的任一点，向右侧拉动，完成一条横线，将表格分为两行，以此类推，完成其余横线的绘制，然后将铅笔光标定位在上边框的任一点，向下侧拉动，完成一条竖线，将表格分为两列，以此类推，完成其余竖线的绘制。同时，还可在同一表格中，将铅笔样式光标定位在左上角，向右下角拉动，画出一条斜线，效果如图 5-75 所示。

4. 快速创建表格

打开文档，用鼠标将光标定位在需要插入表格的地方，在图 5-72 中单击“表格”下拉列表中的“快速表格”命令，可看到系统提供的一些表格模板，单击选中的模板，完成表格创建。

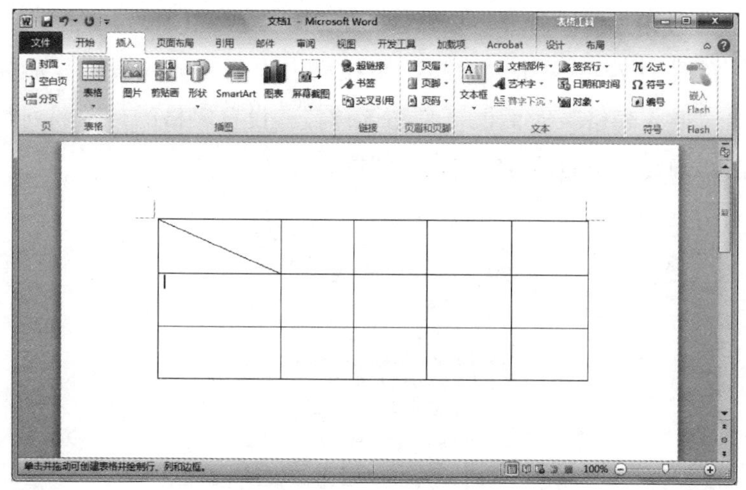

图 5-75　手动绘制表格

二、表格的基本操作

用户初次创建的表格常常需要修改才能完全符合要求，或者由于实际情况的变化，表格也需要进行相应的调整。

当表格创建完成后，单击表格，将出现“表格工具”选项卡，如图 5-76 所示，包含了“设计”和“布局”两个部分，使用这两部分可以对表格进行编辑操作。

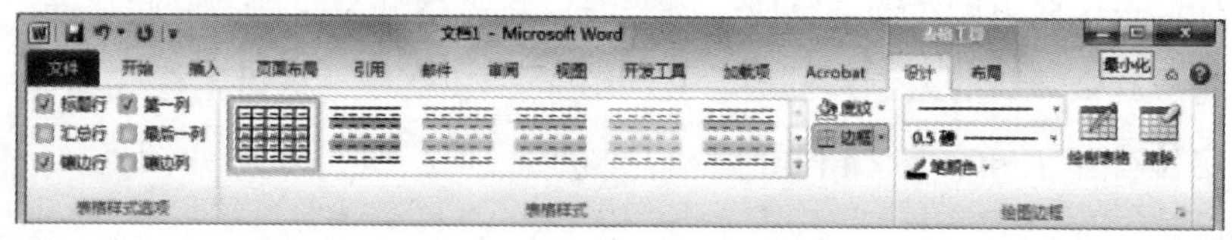

图 5-76　“表格工具”选项卡

1. 选择表格

要编辑表格，必须先选择表格，这里介绍几种选择表格常用的方法。

（1）将光标置于所需要选中的行、列或单元格里，然后单击“布局”选项卡的“表”组中的“选择”按钮，在“选择”下拉列表中选择需要的类型（单元格、列、行或表格），完成选择，如图 5-77 所示。

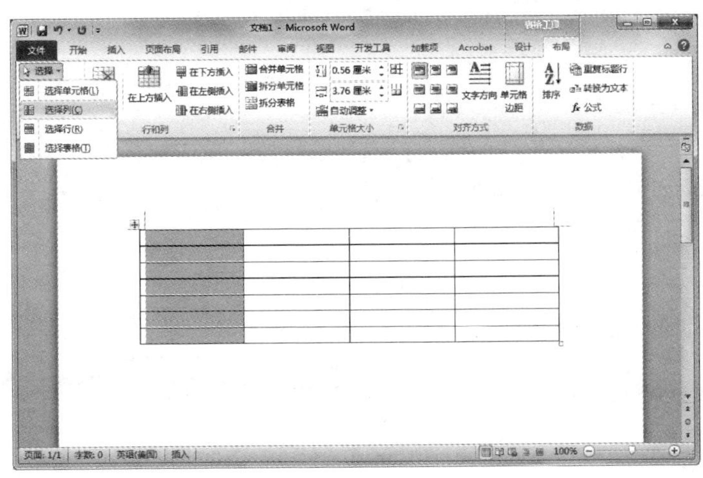

图 5-77　选择表格

（2）选定行、列、单元格及整个表格

1）选定一个单元格。将鼠标指针放在要选定的单元格的左侧边框，当指针变为斜向上的实心箭头时，单击左键，即可选定相应的单元格。

2）选定一行或多行单元。移动鼠标指针到所要选定的表格左侧，当指针变为斜向上的空心箭头时，单击左键，选中该行。此时若按住鼠标左键上下拖动，则选中多行。

3）选定一列或多列单元格。移动鼠标指针到所要选定的表格上侧，当鼠标变为垂直向下的实心箭头时，单击左键，选中该列。此时若按住鼠标左键左右拖动，则选中多列。

4）选中多个单元格。按住鼠标左键在要选取的单元格上拖动，可以选中连续的单元格。若选择分散的单元格，则在选中第一个单元格后，按住“Ctrl”键，用同样的方法选中其他单元格。

5）选中整个表格。将鼠标指针移动到表格内，表格左上方出现表格移动控制点⊞，单击该控制点即可选中整个表格，或者按住鼠标左键从表格左上角向右下角拖动，即完成选择。

2. 插入与删除行或列

（1）插入行或列的方法

1）将光标定位在待插入行或列的位置，单击鼠标右键，在弹出的快捷菜单中单击“插入”命令，在弹出的子菜单中单击需要的命令，如图 5-78 所示。

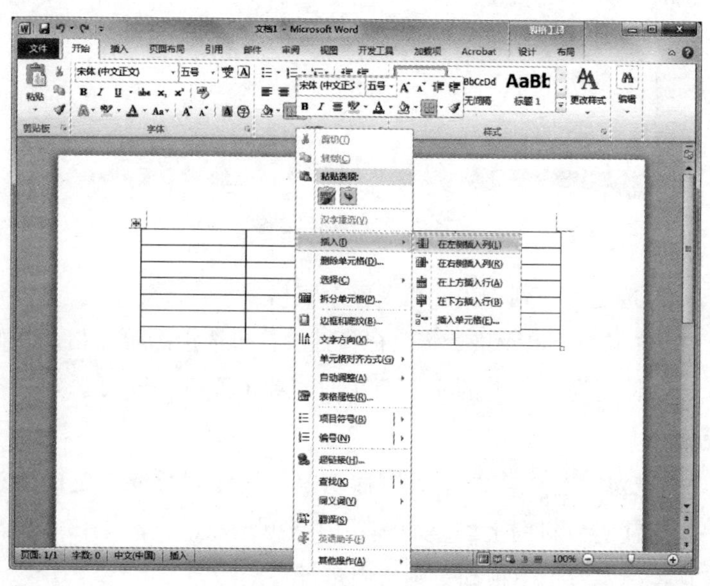

图 5-78　通过快捷菜单插入行和列

2）将光标置于表格内的任意位置，在功能区“表格工具”的“布局”选项卡的“行和列”组中有 4 个插入行和列的按钮，单击这些按钮进行相应的操作，如图 5-79 所示。

3）单击功能区“表格工具”的“布局”选项卡的“行和列”

组中右下角按钮，弹出“插入单元格”对话框，如图 5-80 所示，单击“整行插入”或“整列插入”按钮，单击“确定”按钮。

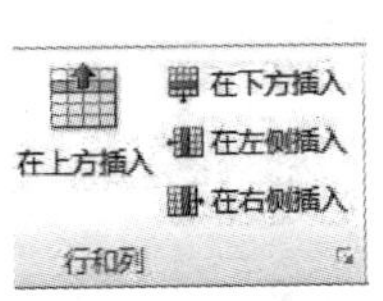

图 5-79　“行和列”组插入行和列选项

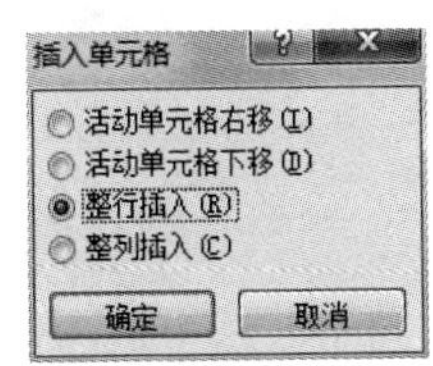

图 5-80　“插入单元格”对话框

（2）删除行和列的方法。在表格中选中要删除的行、列或单元格，单击功能区“表格工具”的“布局”选项卡的“行和列”组中的“删除”下拉按钮，在弹出的“删除”下拉列表中根据删除内容的不同选择相关的删除命令，如图 5-81 所示。

3. 合并与拆分单元格

（1）合并单元格。用户可以将同一行或同一列中的两个或多个连续单元格合并成为一个单元格。其操作方法如下：

选中要合并的单元格，单击鼠标右键，在弹出的快捷菜单中单击“合并单元格”命令，如图 5-82 所示。或在功能区“表格工具”的“布局”选项卡的“合并”组中单击“合并单元格”按钮，如图 5-83 所示，也可实现合并单元格。

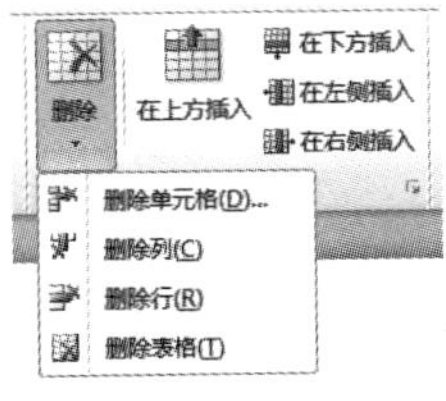

图 5-81　“删除”图标及下拉列表

图 5-82　快捷菜单合并单元格

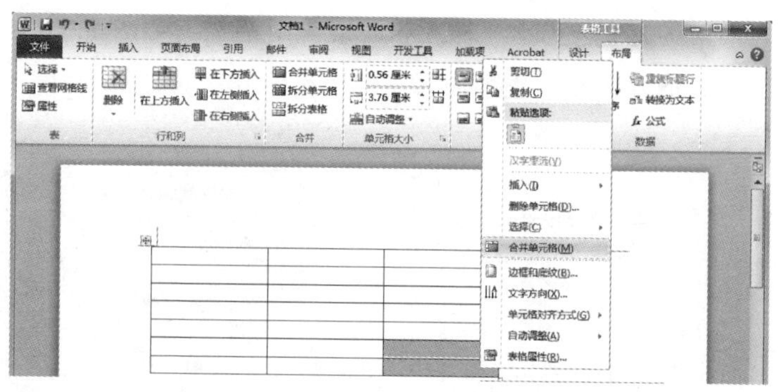

图 5-83 “合并”组合并单元格

（2）拆分单元格。用户可以将一个单元格拆分为两个或多个连续单元格。其操作方法如下：

选中要拆分的单元格，单击鼠标右键，在弹出的快捷菜单中单击“拆分单元格”命令，弹出“拆分单元格”对话框，如图 5-84 所示，在此可设置拆分的行数和列数，单击“确定”按钮即可。或在功能区“表格工具”的“布局”选项卡的“合并”组中单击“拆分单元格”按钮，同样可以弹出“拆分单元格”对话框。

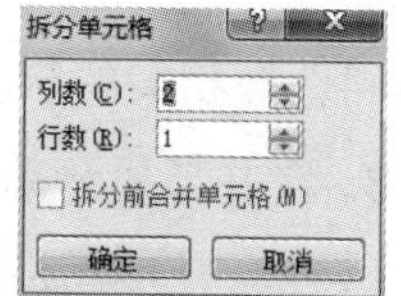

图 5-84 “拆分单元格”对话框

三、设置表格格式

表格在创建完成后，还需要对边框、颜色、字体等进行进一步排版，以美化表格。

1. 设置表格大小

选中表格或将光标置于表格中的任意位置，在功能区“表格工具”的“布局”选项卡的“单元格大小”组中对表格大小进行设置，如图 5-85 所示，方法如下。

（1）单击“自动调整”按钮下方的下拉按钮，弹出其下拉列

图 5-85　“单元格大小”组

表，如图 5-86 所示。可根据不同要求进行相应的设置。

1）根据内容自动调整表格。自动根据单元格里文本内容的多少调整单元格的大小。

2）根据窗口自动调整表格。自动根据单元格内容的多少及窗口的大小调整单元格的大小。

3）固定列宽。固定了单元格的宽度，不管内容怎么变化，列宽都不会发生改变。如果没有设置固定行高，则行高可根据内容进行相应变化。

（2）通过“高度”和“宽度”微调按钮调整单个单元格的“高度”和“宽度”，从而调整整个表格大小，如图 5-87 所示。

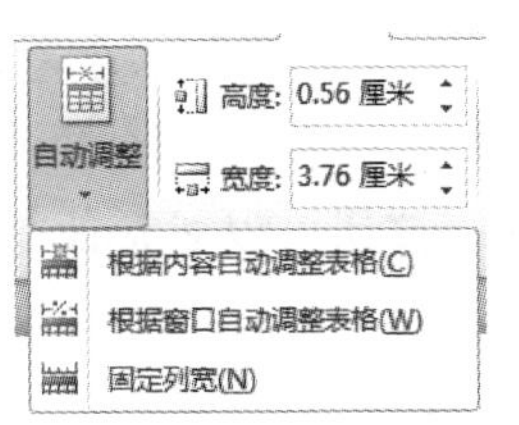

图 5-86　“自动调整”下拉列表

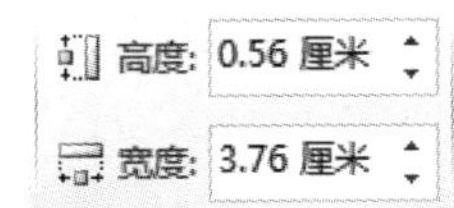

图 5-87　调整单元格“高度”和“宽度”

（3）单击鼠标右键，在弹出的快捷菜单中单击“表格属性”命令，或单击“布局”选项卡的“单元格大小”组右下角的按钮，弹出“表格属性”对话框，如图 5-88 所示，在该对话框里可以对表格、行、列、单元格和可选文字分别进行设置。

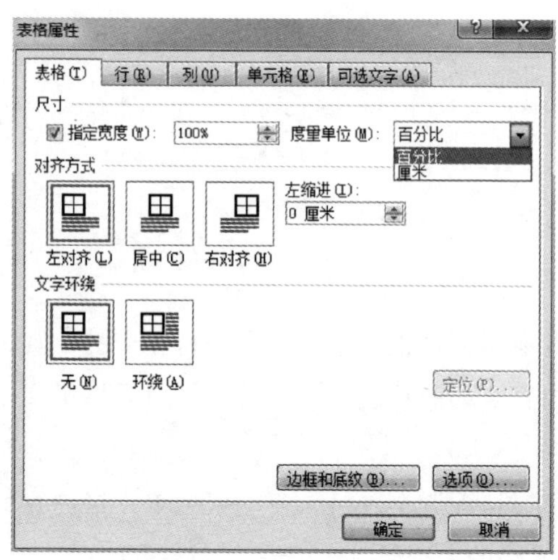

图 5-88 “表格属性”对话框的“表格”选项卡

1）在图 5-88 中的“表格”选项卡里，可以对整个表格的宽度进行设置，选中“指定宽度”复选框，在其右侧的文本框中输入指定的宽度值，在“度量单位”下拉列表框中可以选择宽度的单位：厘米或百分比。确定了表格的宽度值，不管表格里的内容增加或减少，都只会根据内容调整表格的高度，而对宽度不产生影响，如图 5-88所示。

2）选择“行”选项卡，在“尺寸”区域根据需要对该行输入指定高度，单击“上一行”和“下一行”按钮可以对其他行进行设置。若需要在表格中输入大量内容而让表格行高进行自动调整，首先选中“指定高度”复选框，单击“行高值是”下拉按钮，在弹出的下拉列表中选择“最小值”，这样当输入内容高于指定高度时，行的高度会自动增加。如果不允许表格行高发生变化，选择“固定值”后在“指定高度”文本框输入指定高度，行高将不会因为内容的变化而发生变化，如图 5-89 所示。

3）“列”选项卡与“单元格”选项卡的设置及行高的设置类似。

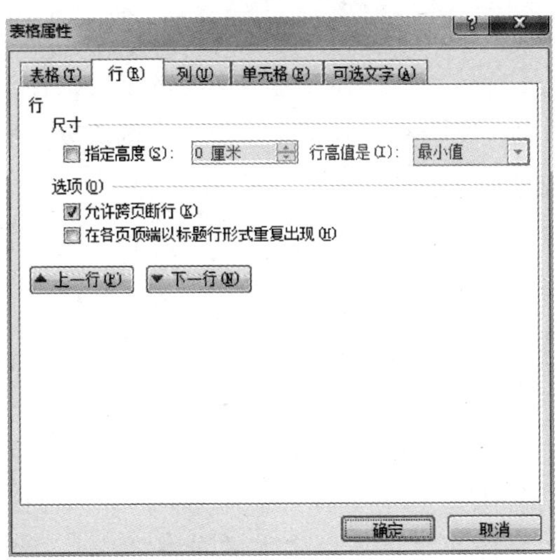

图 5-89　“表格属性”对话框的“行”选项卡

2. 快速应用表格样式

所谓表格样式，就是对表格进行一些修饰，其操作步骤如下：

（1）选中需要修饰的表格，单击功能区“表格工具”的“设计”选项卡，可在“表格样式”组中看到几种简单的表格样式，如图 5-90 所示，单击其右侧的下拉按钮，在下拉列表中可以选择更多表格样式，单击选中的表格样式，文档中的表格自动应用该样式。

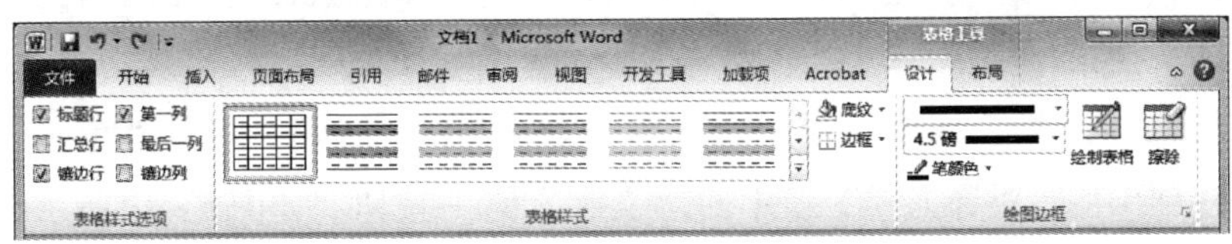

图 5-90　“表格样式”组

（2）选择完样式后，单击功能区“表格工具”的“设计”选项卡的“表格样式”组或“绘图边框”组中的相应图标，可对表格进行相应的调整。

3. 设置表格中数据的格式

表格中文字字体、字号等设置与文本的设置一样，当字号增大时，表格会自动调整行高与列宽来适应文本的需要。在此着重讲述文字对齐方式与文字方向的设置。

（1）更改文字对齐方式。Word 2010 提供了 9 种不同的文字对齐方式，其操作方法如下：

选中表格，单击鼠标右键，在弹出的快捷菜单中包含了“单元格对齐方式”，或在功能区“表格工具”的“布局”选项卡的“对齐方式”组中显示了 9 种文字对齐方式，分别是“靠上两端对齐”“靠上居中对齐”“靠上右对齐”“中部两端对齐”“水平居中”“中部右对齐”“靠下两端对齐”“靠下居中对齐”“靠下右对齐”，如图 5-91 所示，选择相应的对齐方式即可。

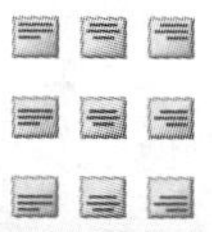

图 5-91　表格中 9 种文字对齐方式

（2）改变文字排列方向。Word 2010 在默认情况下，单元格的文字方向为水平方向。用户可以根据需要更改单元格中的文字排列方向，使文字垂直或水平显示。其操作步骤如下：

单击需要更改文字方向的单元格，如果需要同时修改多个单元格，则可选中所有需要修改的单元格，然后单击鼠标右键，在弹出的快捷菜单中单击“文字方向”命令，弹出“文字方向-表格单元格”对话框，如图 5-92 所示。或单击功能区“表格工具”“布局”选项卡的“对齐方式”组中的“文字方向”按钮，如图 5-93 所示，同样可以改变文字排列方向。

4. 设置表格边框和底纹

表格在建立之后，需要经过一定的设置才能具有更好的显示效果，Word 2010 可以为整个表格或表格中的某个单元格添加边框，或用底纹来填充表格的背景，其操作方法如下：

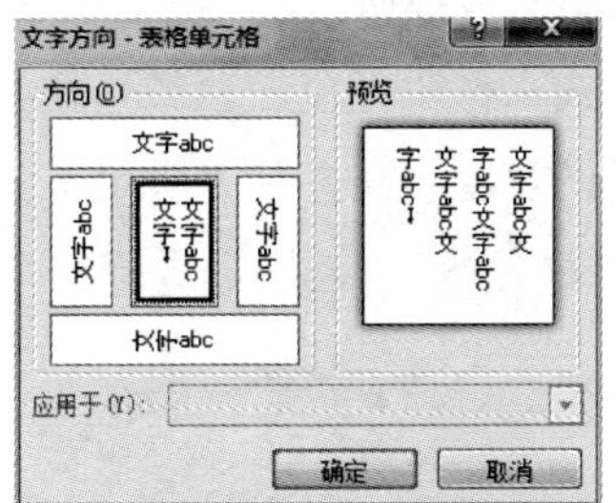

图 5-92 “文字方向-表格单元格”对话框

图 5-93 “文字方向”按钮

（1）选中需要修饰的表格或单元格，单击功能区“表格工具”“设计”选项卡的“表格样式”组中的边框“边框”下拉按钮，弹出如图 5-94 所示的下拉列表，选择相应的边框显示方式。

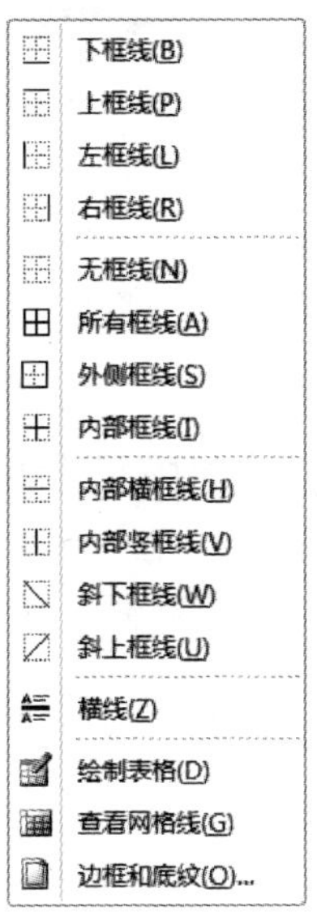

图 5-94 “边框”下拉列表

（2）若需要进一步设置，单击鼠标右键，在弹出的快捷菜单中单击“边框和底纹”命令，或单击图 5-94 下拉列表中的“边框和底纹”命令，弹出“边框和底纹”对话框，如图5-95所示，根据需要在“边框”选项卡“样式”区域里选择线条样式；在“颜色”区域里选择不同的颜色；在“宽度”区域里选择线条的宽度。或者在“应用于”下拉列表框中，可针对“文字”“段落”“单元格”“表格”进行相应设置。

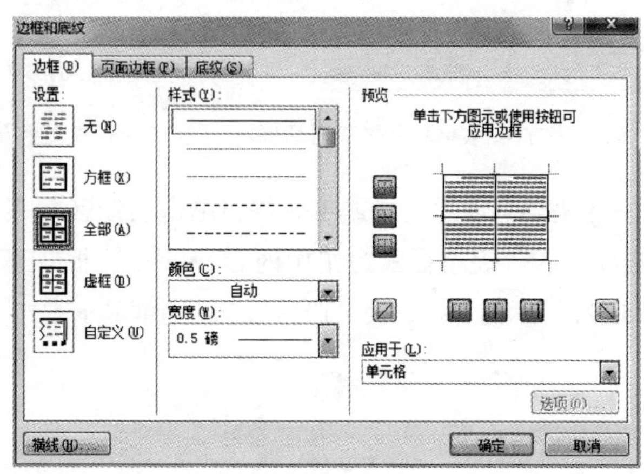

图5-95 “边框和底纹”对话框的“边框”选项卡

模块5 文档打印及设置

想打印出满意的文档，需要设置多项打印参数。Word 2010提供了强大的打印功能，可以轻松按照用户的要求打印文档。

一、设置文档页面

设置文档页面的操作步骤如下：

1. 在功能区的“页面布局”选项卡中找到“页面设置”组，如图5-96所示，单击右下方的按钮，弹出“页面设置”对话框，在“页边距”选项卡中设置打印文档的页边距及打印方向，如图5-97所示。

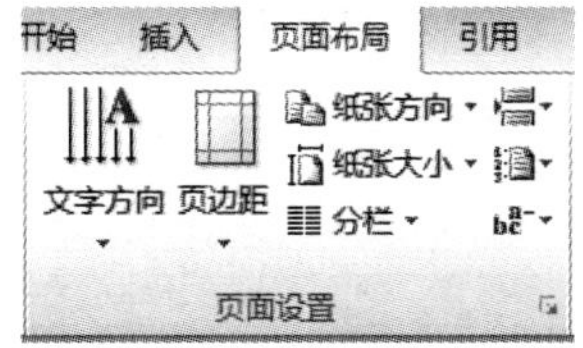

图 5–96　“页面设置”组

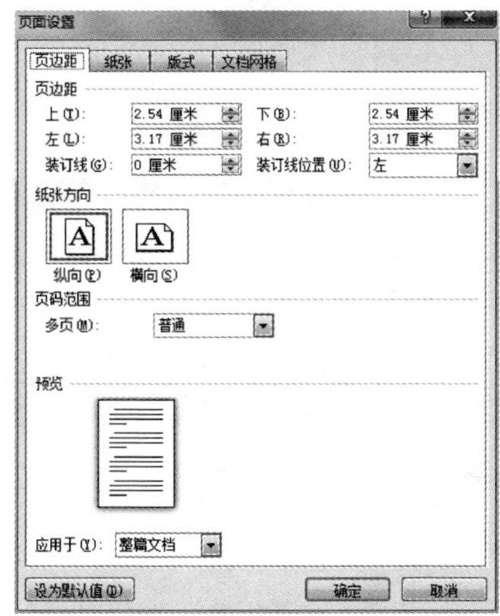

图 5–97　“页面设置”对话框的“页边距”选项卡

2. 单击“纸张”选项卡，选择打印的纸张大小，如图 5–98 所示。

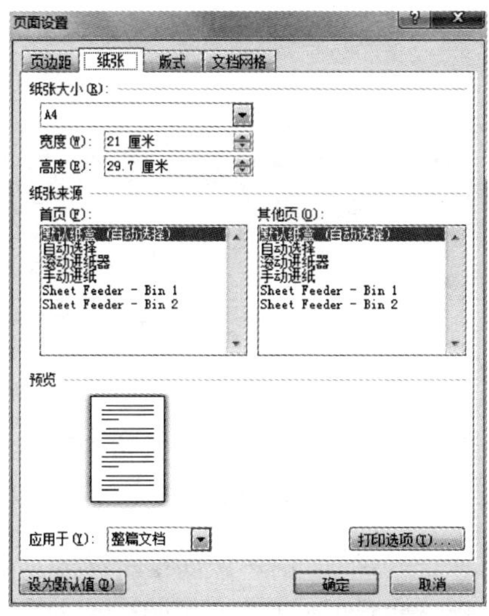

图 5–98　“页面设置”对话框的“纸张”选项卡

二、打印文档

打印文档的操作步骤如下：

1. 打开需要打印的文档，在功能区的“文件”选项卡中单击“打印”命令，右侧弹出“打印”及“打印预览”区域，如图 5-99 所示。

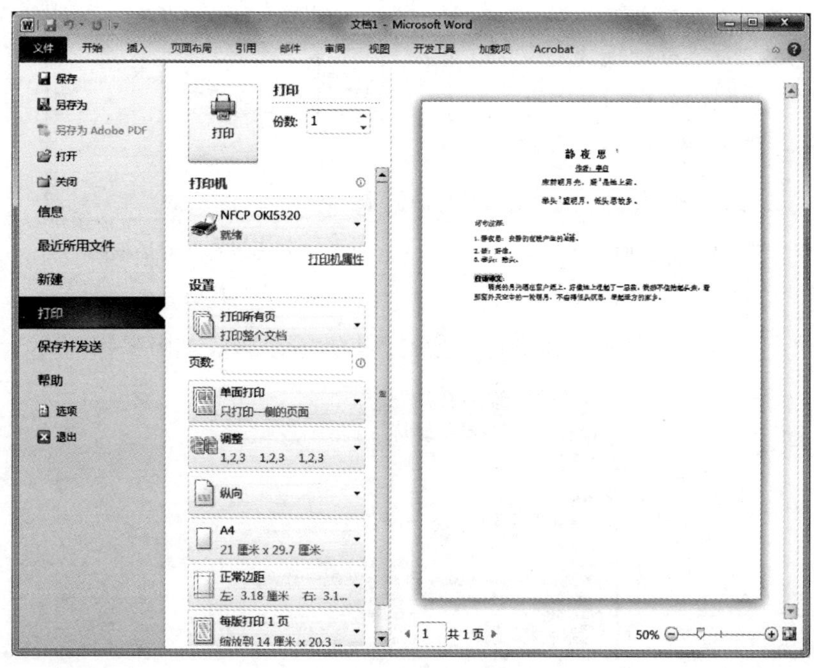

图 5-99　打印文档的设置页面

2. 各打印按钮可通过其右侧的下拉按钮打开对应的下拉列表进行设置，也可单击“打印”区域最下方的“页面设置”按钮，打开“页面设置”对话框，其设置与之前所讲的一致。

3. 在预览区域，通过调节其右下角的100% ⊖——⊕百分比滑块，调整预览可视区域。

4. 当文档打印预览得到满意的效果后，可对打印的份数、页数、页边距等进行相应设置，最后可单击“打印”按钮，即可完成文档的打印。

习题

1. 按照要求对诗词《相思》进行格式设置，内容如下。

相思

红豆（1）生南国，春来发几枝？

愿君多采撷（2），此物最相思。

【注释】

（1）红豆：又名相思子，一种生在江南地区的植物，结出的籽像豌豆而稍扁，呈鲜红色。

（2）采撷（xié）：采摘。

【白话译文】

红豆生长在南国的土地上，每逢春天不知长多少新枝。

希望你能尽情地采集它们，因为它最能寄托相思之情。

要求：

（1）将全诗的题目和诗词居中对齐。

（2）将题目设置成字号小二、黑体、深红色、加粗、间距加宽、5 磅间距。

（3）诗词内容设置为字号小三、宋体、紫色。

（4）将诗词中的“（1）”“（2）”设置为上标。

（5）注释及白话译文设置成字号小四、宋体、黑色。

（6）将“【注释】”倾斜，并设置成黄色背景。

（7）将注释（2）中的内容加波浪线。

（8）将“【白话译文】”行段前间距设置成 1 行。

（9）将最后两行设置为左侧缩进 4 字符。

设置效果如下：

相思

红豆[(1)]生南国，春来发几枝？

愿君多采撷[(2)]，此物最相思。

【注释】

（1）红豆：又名相思子，一种生在江南地区的植物，结出的籽像豌豆而稍扁，呈鲜红色。

（2）采撷（xié）：采摘。

【白话译文】

红豆生长在南国的土地上，每逢春天不知长多少新枝。

希望你能尽情地采集它们，因为它最能寄托相思之情。

2. 使用 Word 文档绘制如下表格。

姓名	语文	数学	英语	总分
王一	65	87	77	229
李二	93	74	86	253
刘三	78	87	80	245

要求：

（1）将表格设置为根据内容调整表格。

（2）将表格中文字对齐方式设置为水平居中。

（3）将表格行高设置为 1 厘米。将单元格中的文字到边框的距离分别设置为左：0.8 厘米，右：0.8 厘米。

（4）将表格边框设置成曲线、红色、1.5 磅。

（5）将表格底纹设置成绿色，图案样式为浅色下斜线、黄色。

设置效果如下：

姓名	语文	数学	英语	总分
王一	65	87	77	229
李二	93	74	86	253
刘三	78	87	80	245

第6单元

Excel 2010电子表格处理软件基本应用

Excel 2010 是 Office 2010 的重要组件之一，是一款非常优秀的电子表格编辑制作软件，它适用于各种电子表格的制作与编辑。本单元主要介绍使用 Excel 2010 进行电子表格制作与处理的一些基础知识和常见的操作方法。

模块 1　Excel 2010 简介

Excel 2010 是微软公司推出的功能强大的电子表格制作软件，Excel 具有强大的数据组织、计算、分析和统计功能。本模块主要介绍 Excel 2010 的特点和一些基础操作。

一、Excel 2010 的基本概念

在学习 Excel 2010 的具体功能之前，先来了解一下它的常用名词术语。

1. 工作簿

工作簿是所有工作表的集合。在 Excel 中，一个 Excel 文件就是一个工作簿。

2. 工作表

工作簿中的每一张表格称为工作表。

3. 单元格

单元格是指表格中的每一个小方格子。单元格的引用是通过指定其行号列标来实现的，即“列标”+“行号”指定单元格的相对坐标，如C5单元格表示在C列的第5行。

4. 活动单元格

活动单元格是指目前正在操作的单元格。

5. 单元格区域

单元格区域是指单元格的集合，是由许多个单元格组合而成的一个范围。

二、选择工作表中的对象

在编辑表格之前，必须要先选中对象。

1. 选择单元格

将光标移动到要选择的对象上，单击，即可选中。

若要选择多个单元格，按住“Ctrl”键不放，依次单击需要选择的对象。

若要选择一个连续的单元格区域，按住“Shift”键不放，单击选择区域左上角的单元格，然后再单击右下角的单元格，该区域即被选中。

2. 选择行

将鼠标光标移动到要选择的行最左侧的行号数字上，单击鼠标左键，该行即被选中。

若要选择多个不连续的行，按住“Ctrl”键不放，依次单击需要选择的行最左侧的行号数字。

若要选择连续的多行，将光标移动到要选择的第一行最左侧的坐标数字上，按住鼠标左键的同时向下拖动，到最后一行的位置松开鼠标左键，需要选择的多行即被选中。或将光标移动到要选择的第一行最左侧的坐标数字上，单击鼠标左键，然后按住“Shift”键，再单击需要选择的最末一行最左侧的行号数字，多行即被选中。

3. 选择列

选择列的方法和选择行的方法类似。

将光标移动到要选择的列最上方的列标字母上，单击鼠标左键，该列即被选中。

若要选择多个不连续的列，按住“Ctrl”键不放的同时，依次单击需要选择的列最上方的列标字母。

若要选择连续的多列，将鼠标光标移动到要选择的第一列最上方的列标字母上，按住鼠标左键的同时向右拖动，到最后一列的位置松开鼠标左键，需要选择的多列即被选中。或将光标移动到要选择的第一列最上方的列标字母上，单击鼠标左键，然后按住“Shift”键，再单击需要选择的最末一列最上方的列标字母，多列即被选中。

三、输入数据

Excel 表格中数据的录入方法与 Word 表格的录入一样，先选择所要录入数据的单元格，然后选择相应的输入法录入相应的数据即可。

1. 输入文本和数字

默认情况下，Excel 表格中的文本在单元格中是左对齐的。文字和数字的输入方法与在 Word 表格中相同。

2. 输入日期与时间

(1) 单元格中的日期输入采用“年月日”的顺序，中间用“/”

或“-”分隔。若要输入当前日期，可按“Ctrl+;”组合键。

（2）输入时间时，小时与分秒间用冒号分隔。输入时间在不特别说明的情况下被当作上午时间。若要指明，在输入的时间后加上空格，再输入“P”或“PM”表示下午。要输入当前时间，可按“Ctrl+Shift+;”组合键。

（3）也可用对话框输入日期与时间。单击鼠标右键，在弹出的快捷菜单中单击“设置单元格格式”命令，如图6-1所示，弹出“设置单元格格式”对话框，如图6-2所示，在“数字”选项卡的“分类”列表框中选择“日期”或“时间”类型，在“类型”列表框中选择不同的日期和时间显示形式。

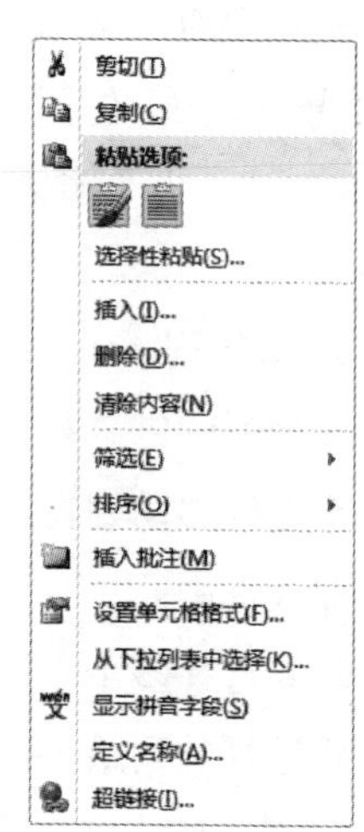

图6-1　Excel表格右键快捷菜单

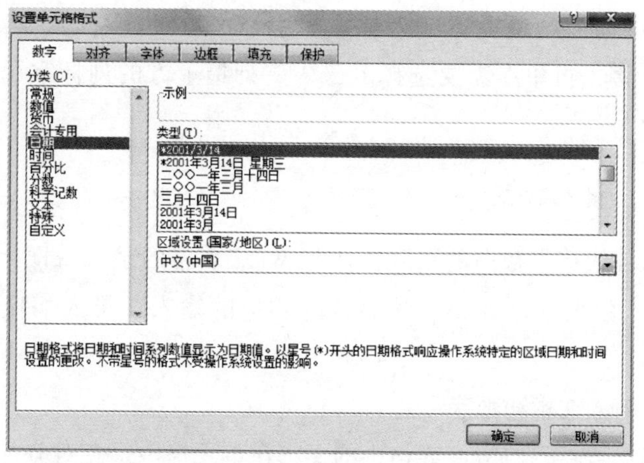

图6-2　“设置单元格格式”对话框的“数字”选项卡

3. 输入特殊符号

方法与在Word中插入特殊符号一致。

选中需要插入特殊符号的单元格，选择功能区“插入”选项卡“符号”组中的“符号”按钮，如图 6-3 所示，弹出“符号”对话框，如图 6-4 所示，选择需要的符号后，单击“插入”按钮即可。

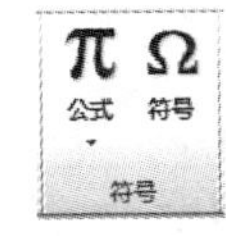

图 6-3　“插入”选项卡的“符号”组

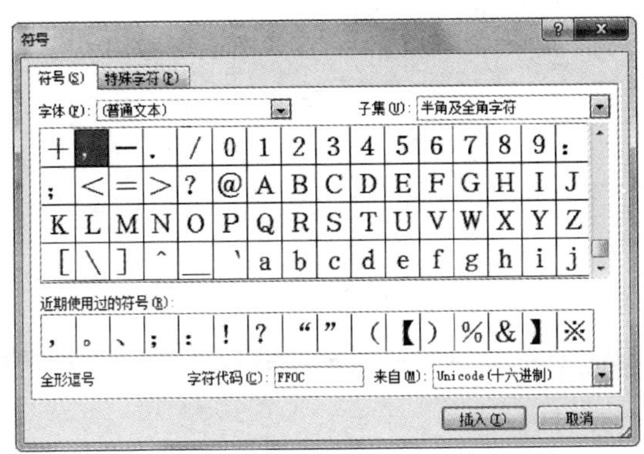

图 6-4　“符号”对话框

4. 输入文本格式的数字

若希望将纯数字信息当作文本处理，不参加数值运算，可单击鼠标右键，在弹出的快捷菜单中单击“设置单元格格式”命令，弹出“设置单元格格式”对话框，在“数字”选项卡的“分类”列表框中选择“文本”类型，如图 6-5 所示。

四、快速填充数据

快速填充数据即表示在不逐个输入每个单元格数据的情况下，采用快速输入的方法完成工作表数据的输入。快速填充是 Excel 提供的一种在工作表中快速输入有一定规律的数据的手段。

1. 快速输入相同的数据

对于文本和单个数值，将鼠标光标放到活动单元格的右下角，

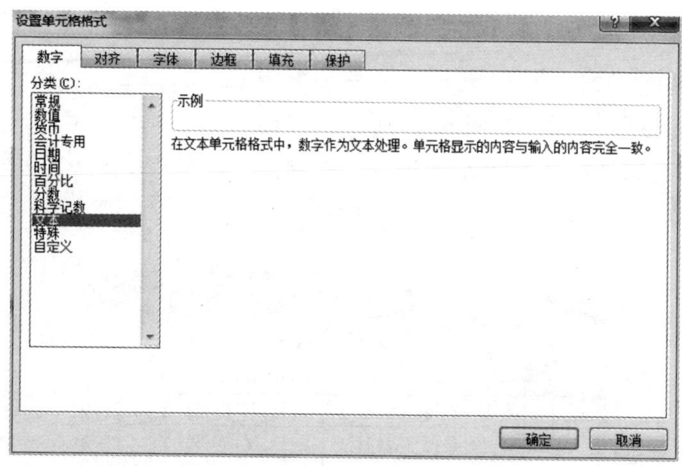

图 6-5 “设置单元格格式”对话框的“数字”选项卡

当鼠标指针变成细线的“十”字时，拖动光标到目的位置放开，实现相同数据的快速输入。

2. 快速输入序列数据

填充数值为等差数列时可以用鼠标完成，此时需先将数列的前两个数值输入在两个单元格中，然后选定这两个单元格，再拖动鼠标实现等差数列的快速填充。

五、插入与删除工作表

一个工作簿中可包含两个以上的工作表，用户可根据需要增加或删减工作表。

1. 插入工作表

插入工作表可采用以下两种方法：

(1) 在工作簿下方的工作表标签栏中，用鼠标右键单击工作表名字，弹出快捷菜单，如图 6-6 所示，单击“插入”命令，弹出“插入”对话框，选择“常用”选项卡中的“工作表”选项，单击“确定”按钮完成插入，如图 6-7 所示。

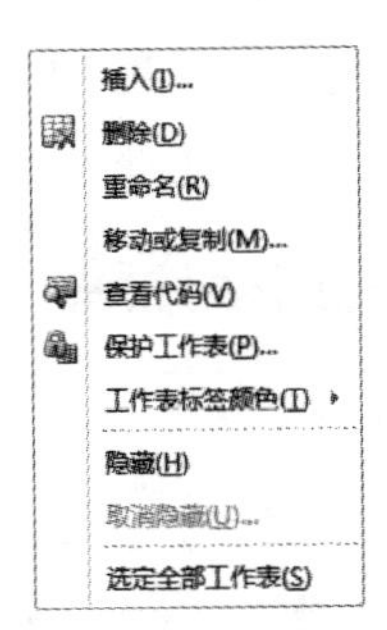

图 6-6　右键快捷菜单

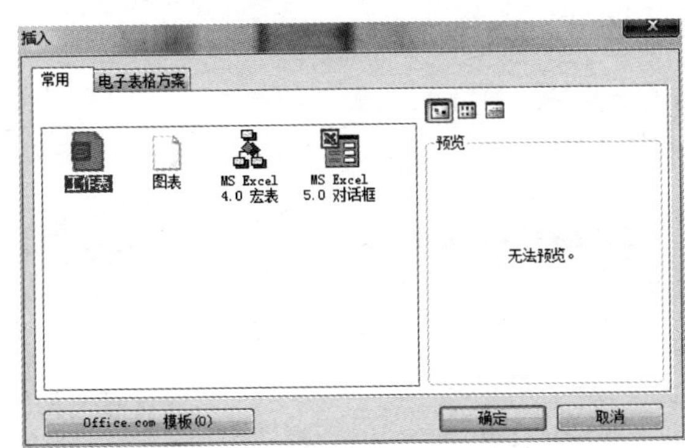

图 6-7　“插入”对话框的“常用”选项卡

（2）在工作簿下方的工作表标签栏中，单击“插入工作表”按钮，即可在当前工作表后插入一个新的工作表。

2. 删除工作表

用户可以在工作簿中删除不需要的工作表。在工作簿下方的工作表标签栏中，右击工作表名字，弹出快捷菜单（见图 6-6），单击快捷菜单中的“删除”命令，即可将当前工作表删除。

六、移动与复制工作表

在实际应用中，有时需要将一个工作簿上的某个工作表移动到其他的工作簿中，或者需要将同一工作簿的工作表的顺序进行重排，这时就需要进行工作表的移动和复制。在 Excel 2010 中，用户可以灵活地将工作表进行移动或者复制。

1. 移动工作表

在工作簿下方的工作表标签栏中，右击工作表名字，弹出快捷菜单，单击快捷菜单中的“移动或复制”命令，弹出“移动或复制工作表”对话框，在“工作簿”下拉列表框中列出了当前打开的工作簿和“新工作簿”选项，选择要移动的目标工作簿，如图 6-8 所示，然后在“下列选定工作表之前”条形区域选择工作表，实现移动，如图 6-9 所示。

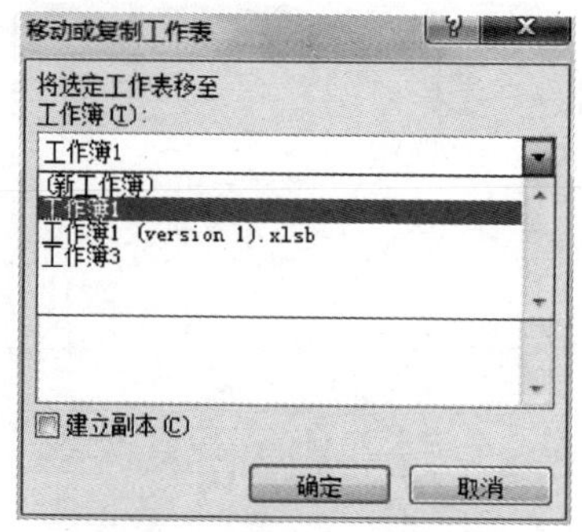

图 6-8 “移动或复制工作表”对话框（1）

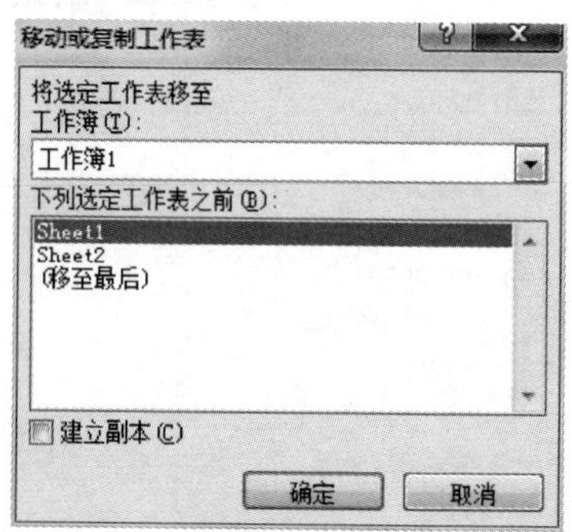

图 6-9 “移动或复制工作表”对话框（2）

2. 复制工作表

如果只是复制而非移动工作表，选中如图 6-9 所示“移动或复制工作表”对话框中的“建立副本”复选框即可。

模块 2　编辑数据

Excel 表格中的数据在输入后可进行复制与移动、修改与删除、查找和替换等操作。

一、复制与移动数据

复制与移动单元格中的数据是 Excel 中经常用到的操作。

1. 复制数据

复制数据要通过以下操作方法来进行：

（1）选中要复制数据的单元格，单击功能区“开始”选项卡的“剪贴板”组中的“复制”按钮 复制，然后选中数据要复制到的目标单元格，单击鼠标右键，再在弹出的快捷菜单中单击“粘贴”命令，即可实现数据的复制。

（2）选中要复制数据的单元格，右击，在弹出的快捷菜单中单击“复制”命令，然后选中数据要复制到的目标单元格，单击鼠标右键，在弹出的快捷菜单中单击“粘贴”命令，即可实现数据的复制。

（3）选中要复制数据的单元格，按下“Ctrl+C”组合键，然后选中数据要复制到的目标单元格，按下“Ctrl+V”组合键，也可实现数据的复制。

2. 移动数据

用户有时需要对表格或部分单元格中的数据进行调整，此时采用移动数据是很方便的。移动数据的操作方法如下：

（1）选中要移动数据的单元格，把鼠标指针移动到选区的边上，鼠标指针变成上下左右都带箭头的十字形，按住鼠标左键拖动，会看到一个虚框，当用户移动单元格到达指定位置后，松开鼠标左键，单元格中的数据就可移动过来。

（2）如果单元格中的数据要移动的距离比较长，超过了一屏，这样拖动起来就很不方便，这时可以使用剪切功能。选中要移动数据的单元格，单击功能区“开始”选项卡的“剪贴板”组中的“剪切”按钮 剪切，选中数据要移动到的单元格，单击鼠标右键，在弹出的快捷菜单中单击“粘贴”命令，即可实现数据的移动。

二、修改与删除数据

用户在对表格数据进行修改时，需要用到修改和删除数据的操作。

1. 修改数据

修改数据有两种方法：一是在编辑栏中进行修改，可首先选中要修改的单元格，如图 6-10 所示，然后在编辑栏中进行相应修改；二是直接双击需要修改数据的单元格，在单元格中直接进行修改。

2017级计算机班部分学生成绩						
序号	学号	姓名	语文	数学	英语	体育
1	20170101	李郑楠	85	90	92	70
2	20170102	冯晓敏	91	70	95	82
3	20170103	魏嘉	70	64	72	75
4	20170104	韩慧敏	74	60	83	78
5	20170105	张明辉	93	96	94	89
6	20170106	赵如梦	82	63	66	70
7	20170107	董凯	89	96	90	95

图 6-10　修改数据

2. 删除数据

首先，数据删除有两个概念，即数据清除和数据删除。

(1) 数据清除。数据清除的对象是数据，单元格本身并不受影响。在选取单元格或一个区域后，单击功能区“开始”选项卡“编辑”组中的“清除”按钮，在弹出的下拉列表（见图 6-11）中包含“全部清除”“清除格式”“清除内容”“清除批注”“清除超链接”命令。单击“清除格式”“清除内容”“清除批注”或“清除超链接”

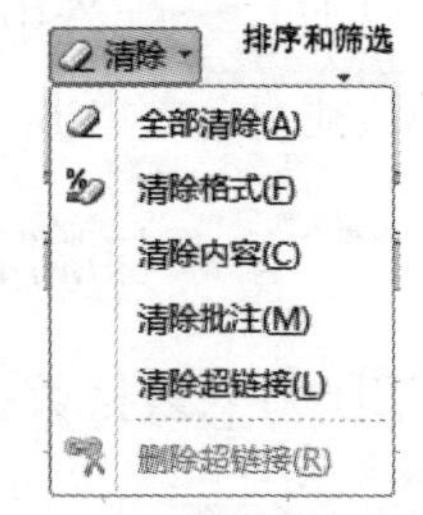

图 6-11　“清除”按钮的下拉列表

命令将分别只取消单元格的格式、内容、批注或超链接，单击“全部清除”命令则将单元格的格式、内容、批注等全部取消，但单元格本身仍留在原位置不变。选定单元格或区域后按“Del”键，相当于单击“清除内容”命令。

（2）数据删除。数据删除的对象是单元格，删除后，选取的单元格连同里面的数据都从工作表中消失。

选取单元格或一个区域后，单击功能区“开始”选项卡“单元格”组中“删除”按钮下方的下拉按钮，在弹出的下拉列表中单击“删除单元格”命令（见图 6-12），弹出如图 6-13 所示的“删除”对话框，用户可选中“右侧单元格左移”或“下方单元格上移”等单选按钮来填充被删掉单元格后留下的空缺。选择“整行”或“整列”等单选按钮将删除选取区域所在的行或列，其下方行或右侧列自动填充空缺。当选定要删除的区域为若干整行或若干整列时，将直接删除而不出现对话框。

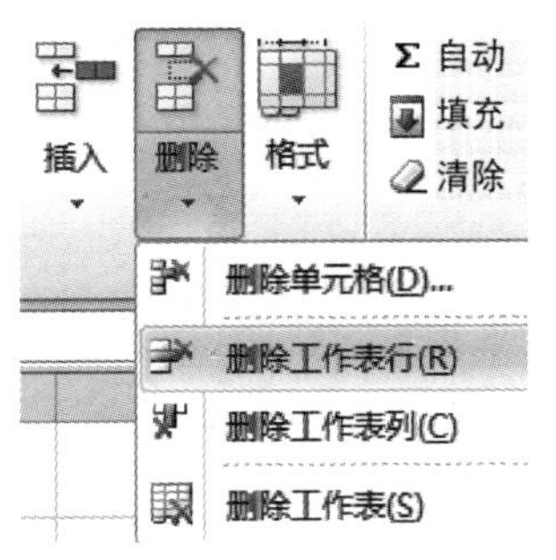

图 6-12　“删除”按钮的下拉列表

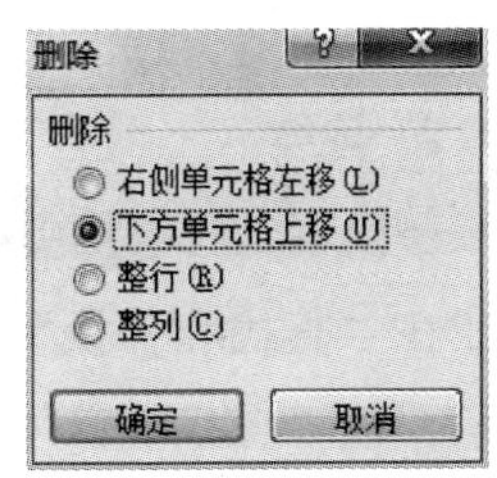

图 6-13　“删除”对话框

三、查找和替换数据

当表格中数据较多，用户想查找或替换某一数据时，用肉眼搜索不仅费时也不精确，在此，Excel 2010 提供了查找与替换的功能，使用户可以轻松、快捷地完成数据的查找与替换。

1. 查找数据

在功能区“开始”选项卡的“编辑”组中单击“查找和选择”按钮的下拉按钮，在弹出的下拉列表中单击“查找”命令，弹出“查找和替换”对话框，如图6-14所示，在“查找”选项卡的“查找内容”文本框中输入要查找的内容，单击“查找下一个”按钮，光标即刻定位在文档中第一个要查找的目标处，继续单击“查找下一个”按钮，可以依次查找出文档中对应的内容。或单击“查找全部”按钮，列出文档中所有的目标位置。

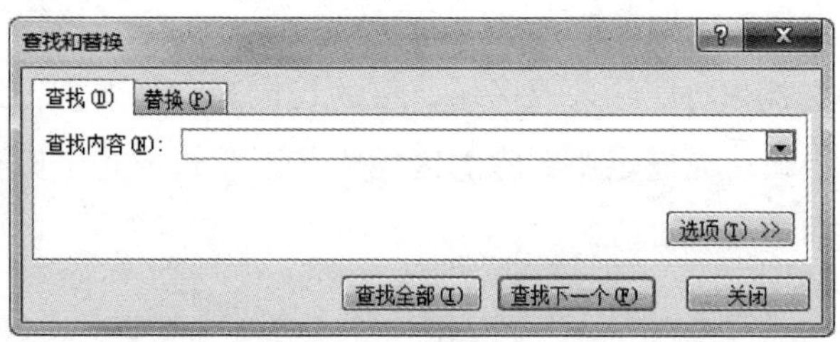

图6-14 “查找和替换”对话框的“查找”选项卡

2. 替换

替换就是将查找到的数据更改为指定的数据。

在“查找和替换”对话框中选择“替换”选项卡，如图6-15所示。在“查找内容”文本框中输入要查找的数据，在“替换为”文本框中输入要替换的数据，单击“查找下一个”按钮，系统将从插入点所在的位置往后查找，并对当前查找到的内容显示为深色矩形框，单击“替换”按钮，即可替换当前查找到的数据，单击“全部替换”按钮，则可替换当前文档中所有查找到的数据，并在替换完毕后弹出提示框，显示一共替换了几处。

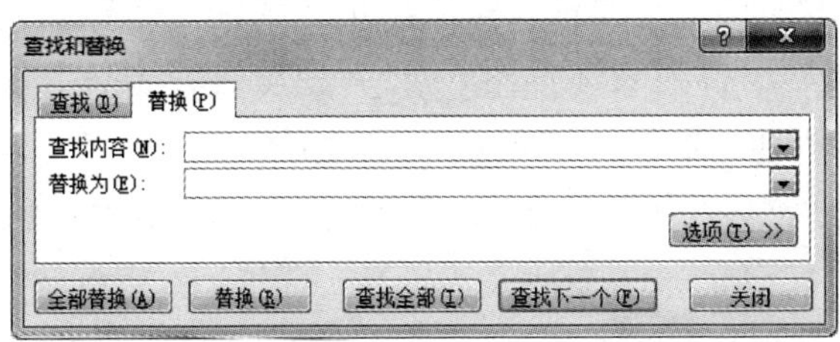

图 6-15 “查找和替换”对话框的“替换”选项卡

模块 3　管理和设置工作表

表格数据输入完成后，需要进一步进行调整，才能达到理想的效果。

一、插入与删除行或列

用户对工作表的结构进行调整，可以插入与删除行或列。

1. 插入行或列

可通过以下方法来插入行或列。

(1) 选中待插入行或列的单元格，单击鼠标右键，在弹出的快捷菜单中单击“插入”命令，弹出“插入”对话框，在其中选中“整行”或“整列”单选按钮，如图 6-16 所示。

(2) 选中待插入行或列的单元格，在功能区的“开始”选项卡“单元格”组中单击“插入”按钮下方的下拉按钮，在弹出的下拉列表（见图 6-17）中单击“插入工作表行”或“插入工作表列”命令，完成行或列的插入。

2. 删除行或列

在表格中选中要删除的行或列中的一个单元格，在功能区的

“开始”选项卡的“单元格”组中单击“删除”按钮下方的下拉按钮，在弹出的下拉列表（见图 6–12）中单击“删除工作表行”或“删除工作表列”命令，实现行或列的删除。

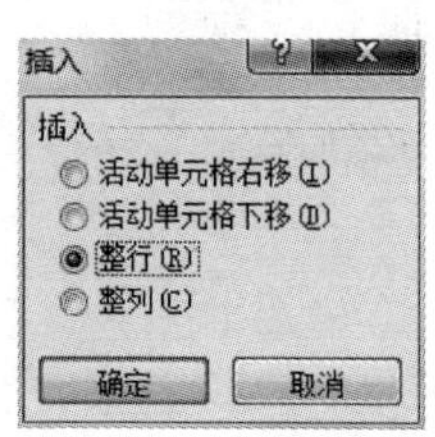

图 6–16 “插入”对话框

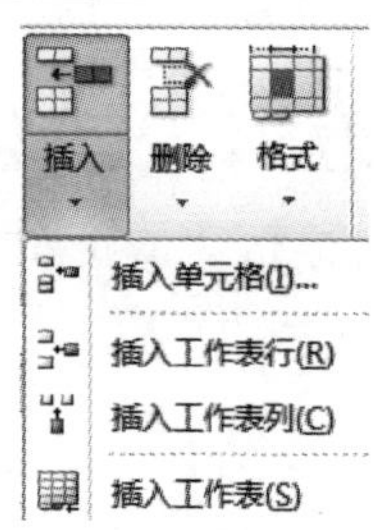

图 6–17 “插入”按钮的下拉列表

二、调整行高和列宽

在编辑的表格中，若单元格的宽度或高度不合适，那么就需要调整其单元格的宽度和高度，可使用以下方法进行调整。

1. 利用鼠标调整行高和列宽

将鼠标光标放在相邻的列或行的行号数字或字母的交叉线上，按住鼠标左键不放，拖动到合适位置松开鼠标即可。

2. 利用菜单调整行高和列宽

若要改变工作表中某行的高度，将鼠标光标移动到该行最左侧的行号数字上，单击右键，弹出快捷菜单，如图 6–18 所示，单击“行高”命令，弹出“行高”对话框，如图 6–19 所示，在“行高”文本框中输入设置的高度，单击“确定”按钮即可。调整列宽的方法与调整行高的方法类似。

三、插入和删除单元格

插入和删除单元格，需要移动相邻的单元格。

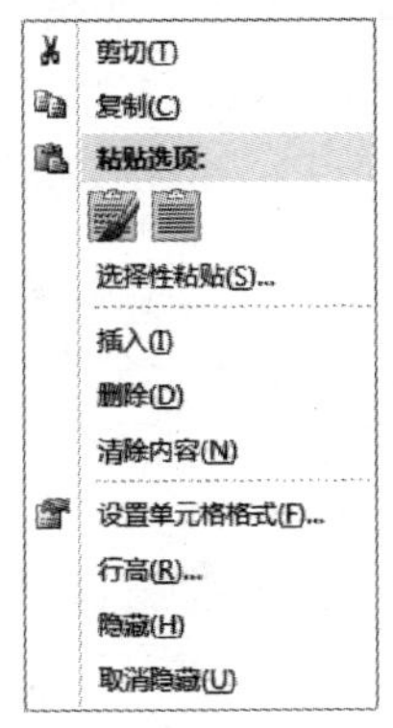

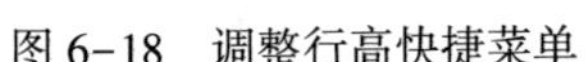
图 6-18　调整行高快捷菜单

图 6-19　“行高”对话框

1. 插入单元格

右击一个单元格，从弹出的快捷菜单中单击“插入”命令，弹出“插入”对话框（见图 6-16），选中“活动单元格下移”单选按钮，单击“确定”按钮，即可在当前位置插入一个单元格，而原来的数据都向下移动一行。

2. 删除单元格

选中要删除的单元格，然后单击鼠标右键，从弹出的快捷菜单中单击“删除”命令，弹出“删除”对话框（见图 6-13），选中“下方单元格上移”单选按钮，单击“确定”按钮，当前单元格即被删除，同时下方的数据都向上移动一行。

四、合并和拆分单元格

根据用户需要，有时要将相邻表格进行合并，或将已合并的表格进行拆分，达到需要的效果。

1. 合并单元格

选择需要合并的相邻单元格，单击功能区的“开始”选项卡的“对齐方式”组右下角的按钮，弹出“设置单元格格式”对话框，如图6-20所示，选择“对齐”选项卡，在“文本控制”区域中选中“合并单元格”复选框。也可以在功能区的“开始”选项卡的“对齐方式”组中单击“合并后居中”按钮合并后居中。如果需要合并的单元格中包含多重数值，合并到一个单元格后只会保留最左上角的数据。

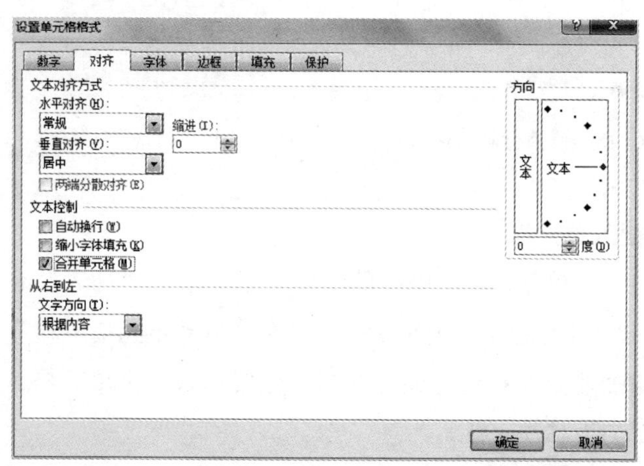

图6-20 “设置单元格格式”对话框的“对齐”选项卡

2. 拆分单元格

在Excel表格中，如果要将合并的单元格进行拆分，可以在选中被合并的单元格之后，直接单击功能区“开始”选项卡“对齐方式”组中“合并后居中”按钮合并后居中的下拉按钮，在弹出的下拉列表中的单击“取消单元格合并”（见图6-21）按钮，即可完成拆分单元格的操作。

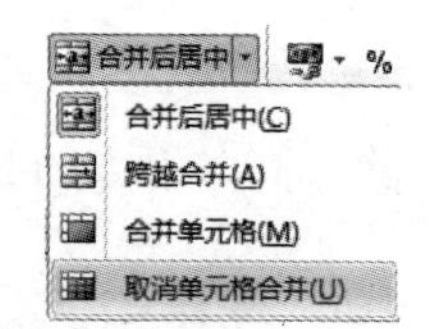

图6-21 “合并后居中”下拉列表

五、设置数据对齐方式

Excel 2010 中设置了默认的数据对齐方式，在新建的工作表中进行数据输入时，文本自动左对齐，数字自动右对齐。单元格中的数据在水平和垂直方向都可以选择不同的对齐方式。

1. 设置水平对齐方式

默认情况下，在单元格中输入字符时，水平靠左，输入数值时，水平靠右。

选中需要设置水平对齐方式的单元格区域，单击鼠标右键，在弹出的快捷菜单中单击“设置单元格格式”命令，在“对齐”选项卡的“文本对齐方式”组中可设置不同的“水平对齐”方式，如图 6-22 所示。

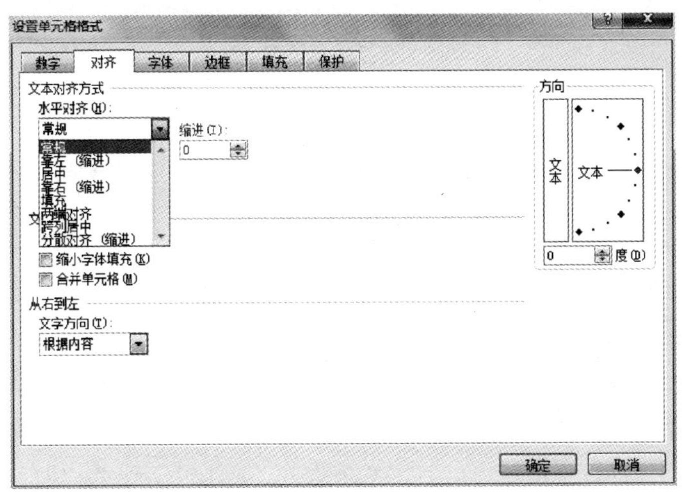

图 6-22　设置“水平对齐”方式

2. 设置垂直对齐方式

默认情况下，单元格的垂直对齐方式是“居中”。

选中需要设置垂直对齐方式的单元格区域，单击鼠标右键，在弹出的快捷菜单中单击“设置单元格格式”命令，在“对齐”选项卡中可对文本设置不同的“垂直对齐”方式，如图 6-23 所示。

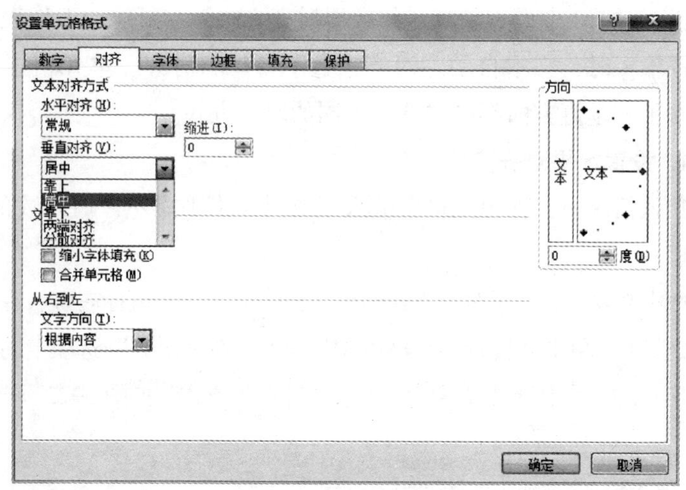

图 6-23　设置“垂直对齐”方式

六、设置表格边框和底纹

Excel 默认的表格虽然能看见灰色的边框线，但在实际打印输出时，这些线是不会输出的，为了能输出表格线，可以进行如下的边框和底纹设置。

1. 选择需要设置边框的单元格区域，单击鼠标右键，在弹出的快捷菜单中单击“设置单元格格式”命令，在弹出的“设置单元格格式”对话框中选择“边框”选项卡，并在其中设置线条样式、线条颜色、边框显示样式，如图 6-24 所示，最后单击“确定”按钮。

2. 若要使表格打印出来更加美观，还可对边框样式进行设置。

选择需要设置边框的单元格区域，在功能区“开始”选项卡的“样式”组中单击“套用表格格式”按钮，弹出“套用表格格式”下拉列表，如图 6-25 所示，在其中可自由选择边框样式。

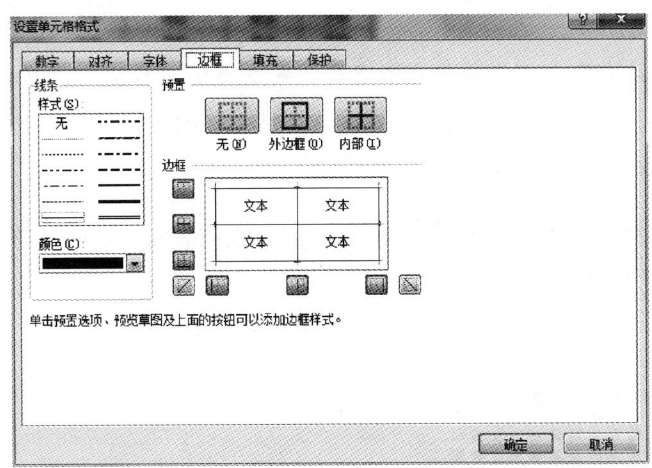

图 6-24　“设置单元格格式”对话框的“边框”选项卡

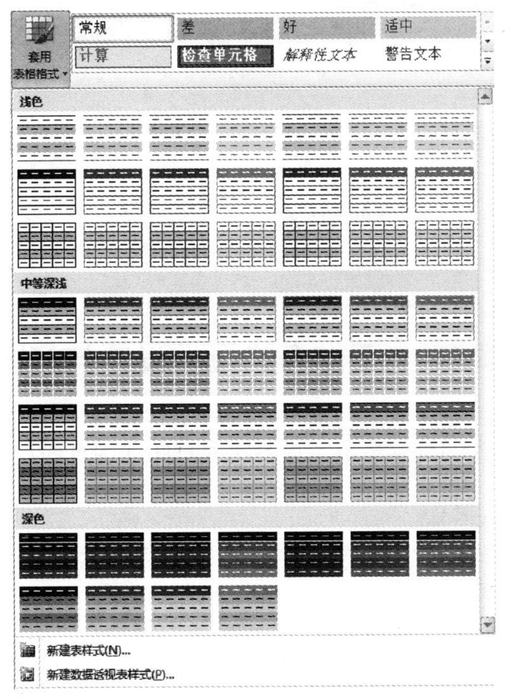

图 6-25　“套用表格格式”下拉列表

3. 若要设置表格底纹，首先选择需要设置底纹的表格区域，用前面所述方法在“设置单元格格式”对话框的“填充”选项卡下设置表格背景色、填充效果、图案样式及图案颜色，如图 6-26 所示，最后单击“确定”按钮。

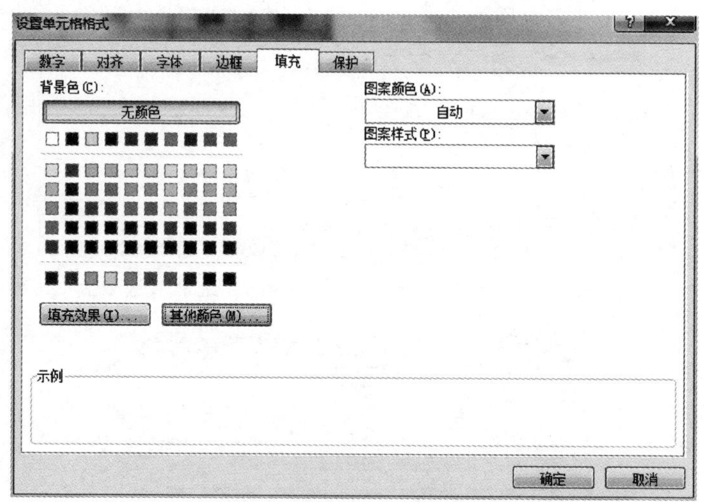

图 6-26 “设置单元格格式”对话框的“填充”选项卡

模块 4　工作表的页面设置与打印

为打印满意的数据清单，需要完成打印前的页面设置。

一、页面设置

1. 设置纸张大小

可用以下几种方法设置纸张大小。

（1）在功能区的“页面布局”选项卡的“页面设置”组中单击“纸张大小”按钮，弹出“纸张大小”下拉列表，如图 6-27 所示，可在其中选择需要的纸张尺寸。

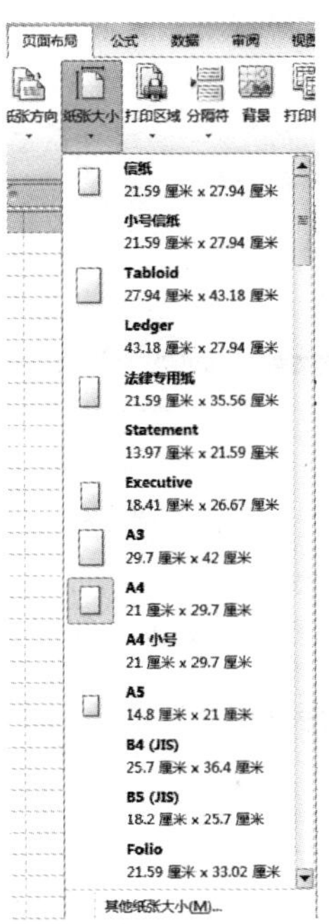

图 6-27　“纸张大小”下拉列表

（2）在功能区的“页面布局”选项卡“页面设置”组中单击右下角按钮，弹出“页面设置”对话框，在“纸张大小”下拉列表框中选择需要的纸张尺寸，如图 6-28 所示。

2. 设置页边距

页边距就是页面上打印区域与打印页边缘的距离。

在功能区的“页面布局”选项卡“页面设置”组中单击“页边距”按钮，在弹出的下拉列表中选择已有的页边距格式，如图 6-29 所示。也可以单击“页边距”下拉列表最后一行的“自定义边距”命令，弹出“页面设置”对话框，如图 6-30 所示，选择“页边距”选项卡，可对上、下、左、右页边距进行数值设置，单位为厘米。

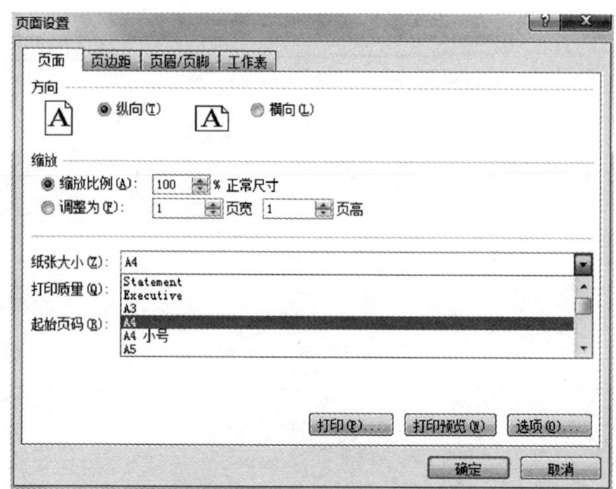

图 6-28　设置“纸张大小”

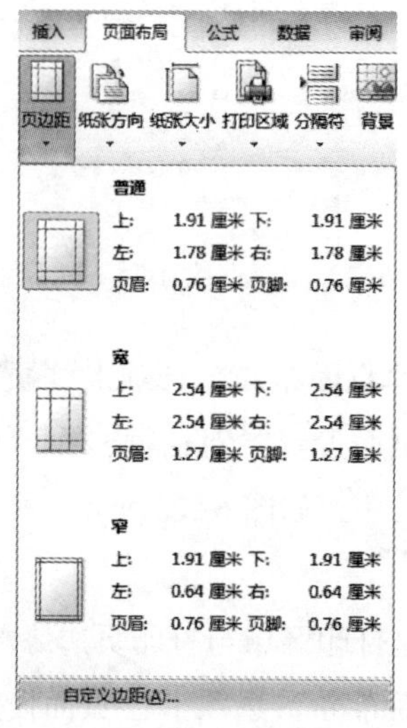

图 6-29　“页边距”下拉列表

二、打印预览

为防止由于没有设置好表格的外观使打印的表格不合要求而造成

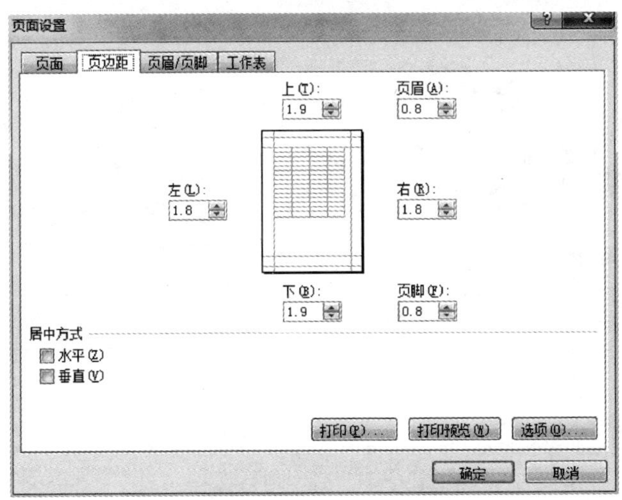

图 6-30　“页面设置”对话框的“页边距”选项卡

浪费，在打印前可以先进行预览，打印预览看到的内容和打印到纸张上的结果是一模一样的。Excel 2010 将打印和预览放在了一个页面。

单击 Excel 2010 左上角“文件”选项卡，单击“打印”命令，在最右侧“打印预览”区域中出现文档预览效果，如图 6-31 所示。

三、打印工作表

预览完成后，当设置符合用户要求时就可以进行实际打印。

可选择“文件”选项卡中的“打印”命令，根据需要在“打印”区域中对打印份数、打印机型号、打印页数等进行设置，最后单击“确定”按钮，打印机即刻开始打印。

习题

1. 简述插入与删除工作表及插入与删除单元格的方法。
2. 新建一个 Excel 2010 工作簿，完成如图 6-32 所示的表格。

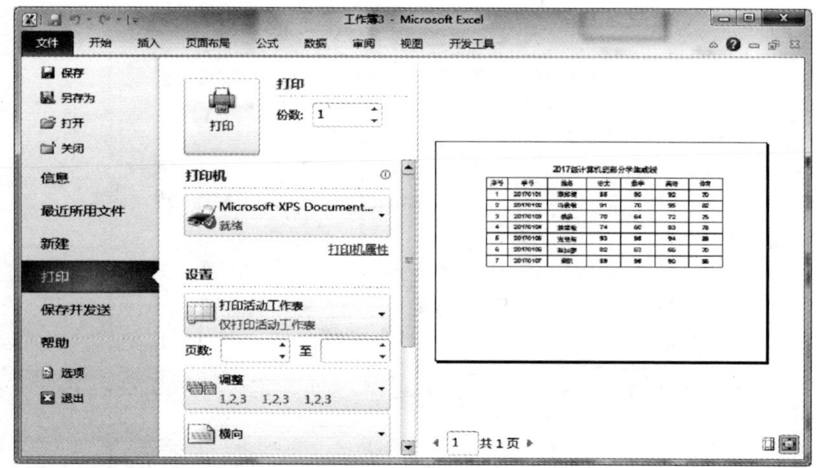

图 6-31　打印预览效果

2017级计算机班部分学生成绩						
序号	学号	姓名	语文	数学	英语	体育
1	20170101	李××	85	90	92	70
2	20170102	冯××	91	70	95	82
3	20170103	魏×	70	64	72	75
4	20170104	韩××	74	60	83	78
5	20170105	张××	93	96	94	89
6	20170106	赵××	82	63	66	70
7	20170107	董×	89	96	90	95

图 6-32　2017 级计算机班部分学生成绩

要求：

（1）序号和学号使用快速输入序列数据的方式完成。

（2）除标题外，文字和数字为宋体、16 号字。

（3）标题为黑体、22 号字，合并单元格居中对齐。

（4）表格中的数据设置为水平和垂直居中，行高为 30。

（5）标题部分设置为带点底纹样式。

（6）打印设置为 A4 纸张、横向，页边距上：1.9 cm，下：1.9 cm，左：4.5 cm，右：1.9 cm，并查看打印预览效果。